高水平地方应用型大学建设系列教材

# 电厂用水水质分析

周 振　王罗春　蔡毅飞　蒋路漫　郑红艾　编著

北 京
冶金工业出版社
2020

## 内 容 简 介

本书内容主要分为 4 章，其中第 1 章主要介绍电厂用水的特性、水质指标、质量标准以及水质分析的意义等。第 2 章介绍水质分析的一般原则，内容包括水质分析总则、有效数字的修约和运算规则、标准曲线的绘制、分析结果的校核、课程报告书的格式。第 3~4 章为实验部分，其中第 3 章为每个分析项目的分析方法，内容包括方法依据、适用范围、实验原理、试剂与器材、操作步骤、操作流程、分析结果的计算；第 4 章则介绍标准溶液的配制和标定。

本书可作为高等院校电力或相关水质分析、水处理等专业的本科学生的教学用书，也可作为电力系统企业从事水质分析从业人员的培训教材。

**图书在版编目 ( CIP ) 数据**

电厂用水水质分析／周振等编著. —北京：冶金工业出版社，2020.6

高水平地方应用型大学建设系列教材

ISBN 978-7-5024-8484-2

Ⅰ. ①电… Ⅱ. ①周… Ⅲ. ①电厂供水—水质分析—高等学校—教材 Ⅳ. ①TM62

中国版本图书馆 CIP 数据核字（2020）第 055794 号

出 版 人 陈玉千
地　　址 北京市东城区嵩祝院北巷 39 号　邮编　100009　电话　(010)64027926
网　　址 www.cnmip.com.cn　电子信箱 yjcbs@cnmip.com.cn
责任编辑 程志宏 耿亦直 美术编辑 吕欣童 版式设计 禹 蕊
责任校对 郭惠兰 责任印制 李玉山
ISBN 978-7-5024-8484-2
冶金工业出版社出版发行；各地新华书店经销；三河市双峰印刷装订有限公司印刷
2020 年 6 月第 1 版，2020 年 6 月第 1 次印刷
169mm×239mm；7.5 印张；147 千字；106 页
39.00 元
冶金工业出版社　投稿电话　(010)64027932　投稿信箱　tougao@cnmip.com.cn
冶金工业出版社营销中心　电话　(010)64044283　传真　(010)64027893
冶金工业出版社天猫旗舰店　yjgycbs.tmall.com
（本书如有印装质量问题，本社营销中心负责退换）

# 《高水平地方应用型大学建设系列教材》
## 编 委 会

**主　任**　徐群杰

**副主任**　王罗春　李巧霞

**委　员**（按姓氏笔画）

# 《高水平地方应用型大学建设系列教材》序

应用型大学教育是高等教育结构中的重要组成部分。高水平地方应用型高校在培养复合型人才、服务地方经济发展以及为现代产业体系提供高素质应用型人才方面越来越显现出不可替代的作用。2019 年，上海电力大学获批上海市首个高水平地方应用型高校建设试点单位，为学校以能源电力为特色，着力发展清洁安全发电、智能电网和智慧能源管理三大学科，打造专业品牌，增强科研层级，提升专业水平和服务能力提出了更高的要求和发展的动力。清洁安全发电学科汇聚化学工程与工艺、材料科学与工程、材料化学、环境工程、应用化学、新能源科学与工程、能源与动力工程等专业，力求培养出具有创新意识、创新性思维和创新能力的高水平应用型建设者，为煤清洁燃烧和高效利用、水质安全与控制、环境保护、设备安全、新能源开发、储能系统、分布式能源系统等产业，输出合格应用型优秀人才，支撑国家和地方先进电力事业的发展。

教材建设是搞好应用型特色高校建设非常重要的方面。以往应用型大学的本科教学主要使用普通高等教育教学用书，实践证明并不适应在应用型高校教学使用。由于密切结合行业特色及新的生产工艺以及与先进教学实验设备相适应且实践性强的教材稀缺，迫切需要教材改革和创新。编写应用性和实践性强及有行业特色教材，是提高应用型人才培养质量的重要保障。国外一些教育发达国家的基础课教材涉及内容广、应用性强，确实值得我国应用型高校教材编写出版借鉴和参考。

为此，上海电力大学和冶金工业出版社合作共同组织了高水平地方应用型大学建设系列教材的编写，包括课程设计、实践与实习指导、实验指导等各类型的教学用书，首批出版教材 17 种。教材的编写将遵循应用型高校教学特色、学以致用、实践教学的原则，既保证教学内容的完整性、基础性，又强调其应用性，突出产教融合，将教学和学生专业知识和素质能力提升相结合。

本系列教材的出版发行，对于我校高水平地方应用型大学的建设、高素质应用型人才培养具有十分重要的现实意义，也将为教育综合改革提供示范素材。

上海电力大学校长　　李和兴

2020 年 4 月

# 前　　言

"电厂用水水质分析"是电厂化学专业重要的核心课程之一，具有较强的实践性。因此该课程也是电力类大学相关专业，如化学工程与工艺、应用化学、水质科学与技术、能源化学工程等专业以及相关环境工程类专业重要的实践教学内容。上海电力大学开设"电厂用水水质分析"课程较早，从毕业生的反馈信息看，该课程的设置对学生专业课的学习以及毕业后从事电厂水处理工作的帮助很大，甚至工作中依然经常会用到实践教学课程学到的内容。

作为教学用书，作者曾编写出版了《电厂水质分析》（中国电力出版社，2014）。随着分析检测技术的创新、电厂设备技术水平及精密程度的进步以及国家标准对电厂用水水质测定要求的提高，旧教材内容已显落后，逐渐不再适合教学需要。并且自教材出版以来，书中引用的部分国家标准大部分已被修订，如《火力发电机组及蒸汽动力设备水汽质量》GB/T 12145—2016 替代了 GB/T 12145—2008；《工业循环冷却水处理设计规范》GB50050—2017 替代了 GB50050—2007；《工业循环冷却水和锅炉用水中钾、钠含量的测定》GB/T 14640—2017 替代了 GB/T 14640—2008；《锅炉用水和冷却水分析方法：电导率的测定》GB/T 6908—2018 替代了 GB/T 6908—2008；《工业循环冷却水和锅炉用水中氯离子的测定》GB/T 15453—2018 替代了 GB/T 15453—2008；《锅炉用水和冷却水分析方法：硬度的测定》GB/T 6909—2018 替代了 GB/T 6909—2008；《锅炉用水和冷却水分析方法：化学需氧量的测定（重铬酸钾快速法）》GB/T 14420—2014 已替代了 GB/T 14420—1993。经过 6 年的教学实践，从中也发现教材中存在的不成熟和明显问题，如"碱度的测定"应当引用《工业循环冷却水总碱及酚酞碱度的测定》

（GB/T 15451—2006）却引用了《锅炉用水和冷却水分析方法　碱度的测定》（GB/T 14419—1993）等。为高质量满足教学要求及培养合格的电力人才，作者在原有教学内容基础上编写了该教材。

参加本书编写的包括上海电力大学的周振（第3章）、王罗春（第1~4章）、蔡毅飞（第1~2章）、蒋路漫（第3章）和郑红艾（第3章），周振负责全书的统稿工作。此外，研究生赵言露承担了文献整理工作，赵晓丹、罗金鸣、赵玉增、商洪涛老师对本教材的编写提出了宝贵的意见，作者在此一并致谢。

由于时间关系和作者水平有限，书中存在的疏漏和不妥之处，恳请读者批评指正。

编著者

2019 年 10 月

# 目　　录

1 电厂用水 ……………………………………………………………… 1

　1.1 电厂用水的分类及其特性 …………………………………………… 1

　　1.1.1 原水 ………………………………………………………… 1

　　1.1.2 给水 ………………………………………………………… 4

　　1.1.3 炉水 ………………………………………………………… 4

　　1.1.4 冷却水 ……………………………………………………… 4

　　1.1.5 排污水 ……………………………………………………… 4

　1.2 电厂用水中杂质及其危害 …………………………………………… 5

　　1.2.1 悬浮物质 …………………………………………………… 6

　　1.2.2 胶体物质 …………………………………………………… 6

　　1.2.3 溶解性物质 ………………………………………………… 6

　1.3 电厂用水的水质指标 ………………………………………………… 8

　　1.3.1 悬浮固体、浊度与透明度 ………………………………… 9

　　1.3.2 溶解固体 …………………………………………………… 9

　　1.3.3 硬度 ………………………………………………………… 10

　　1.3.4 碱度和酸度 ………………………………………………… 10

　　1.3.5 pH 值 ……………………………………………………… 11

　　1.3.6 溶解氧 ……………………………………………………… 11

　　1.3.7 有机物 ……………………………………………………… 11

　　1.3.8 钠离子和二氧化硅 ………………………………………… 12

　　1.3.9 铜和铁 ……………………………………………………… 13

　1.4 电厂用水、汽的质量标准 …………………………………………… 14

　　1.4.1 新建机组试运行阶段水、汽质量 ………………………… 14

　　1.4.2 火力发电机组及蒸汽动力设备水汽质量 ………………… 15

　　1.4.3 循环冷却水的水质标准 …………………………………… 23

　1.5 电厂用水水质分析的意义 …………………………………………… 25

　　1.5.1 蒸汽 ………………………………………………………… 25

　　1.5.2 炉水 ………………………………………………………… 26

　　1.5.3 给水 ………………………………………………………… 26

1.5.4 汽轮机凝结水 ················································· 27

1.5.5 疏水箱的疏水 ················································· 28

1.5.6 返回凝结水 ··················································· 28

1.5.7 循环冷却水 ··················································· 28

1.6 电厂用水水质分析 ··············································· 28

1.6.1 不同参数机组应配备的在线化学仪表 ··············· 28

1.6.2 循环冷却水的检测项目 ··································· 29

1.6.3 补充水水质分析项目与分析误差 ······················ 30

2 水质分析一般原则 ·················································· 32

2.1 水质全分析总则 ················································· 32

2.2 实验数据的有效数字及其运算规则 ························· 33

2.2.1 有效数字 ····················································· 33

2.2.2 有效数字的修约规则 ······································ 33

2.2.3 运算规则 ····················································· 34

2.3 标准曲线的绘制及分析结果的计算 ························· 35

2.4 水质全分析结果的校核 ········································ 40

2.4.1 校核原理 ····················································· 40

2.4.2 阳离子和阴离子物质的量的总数的校核 ············· 40

2.4.3 总含盐量与溶解固体的校核 ····························· 40

2.4.4 校核 pH 值 ··················································· 42

2.5 课程报告书格式 ················································· 43

2.5.1 目录 ··························································· 43

2.5.2 实验报告 ····················································· 43

2.5.3 结果汇总 ····················································· 46

2.5.4 结果校核 ····················································· 46

3 电厂用水水质分析方法 ············································ 47

3.1 测定 pH 值 ······················································ 47

3.1.1 方法依据 ····················································· 47

3.1.2 适用范围 ····················································· 47

3.1.3 原理 ··························································· 47

3.1.4 试剂和材料 ··················································· 48

3.1.5 仪器设备 ····················································· 49

3.1.6 操作步骤 ····················································· 49

3.1.7　操作流程 ································································ 50

3.1.8　分析结果的表述 ··················································· 50

3.1.9　允许差 ································································· 50

3.2　钠含量的测定（电位法） ·············································· 51

3.2.1　方法依据 ······························································ 51

3.2.2　适用范围 ······························································ 51

3.2.3　原理 ···································································· 51

3.2.4　试剂和材料 ··························································· 51

3.2.5　仪器 ···································································· 52

3.2.6　操作步骤 ······························································ 52

3.2.7　操作流程 ······························································ 53

3.3　电导电极常数及电导率的测定 ········································· 53

3.3.1　方法依据 ······························································ 53

3.3.2　适用范围 ······························································ 53

3.3.3　原理 ···································································· 54

3.3.4　仪器、设备 ··························································· 54

3.3.5　试剂和材料 ··························································· 54

3.3.6　操作步骤 ······························································ 56

3.3.7　操作流程 ······························································ 56

3.4　浊度的测定 ······························································· 57

3.4.1　分光光度法 ··························································· 57

3.4.2　浊度仪法 ······························································ 59

3.5　氯化物的测定 ···························································· 61

3.5.1　电极法 ·································································· 61

3.5.2　摩尔法 ·································································· 63

3.5.3　电位滴定法 ··························································· 65

3.6　碱度的测定（指示剂滴定法） ·········································· 67

3.6.1　方法依据 ······························································ 67

3.6.2　适用范围 ······························································ 67

3.6.3　方法概要 ······························································ 67

3.6.4　试剂 ···································································· 67

3.6.5　仪器 ···································································· 67

3.6.6　操作步骤 ······························································ 68

3.6.7　操作流程 ······························································ 68

3.6.8　分析结果的计算 ······················································ 68

3.7　硬度的测定 ………………………………………………… 69

　　3.7.1　方法依据 ……………………………………………… 69

　　3.7.2　适用范围 ……………………………………………… 69

　　3.7.3　方法提要 ……………………………………………… 69

　　3.7.4　试剂和材料 …………………………………………… 69

　　3.7.5　操作步骤 ……………………………………………… 70

　　3.7.6　操作流程 ……………………………………………… 70

　　3.7.7　结果计算 ……………………………………………… 71

3.8　钙的测定 …………………………………………………… 71

　　3.8.1　方法依据 ……………………………………………… 71

　　3.8.2　适用范围 ……………………………………………… 71

　　3.8.3　原理 …………………………………………………… 71

　　3.8.4　试剂和蒸馏水 ………………………………………… 71

　　3.8.5　操作步骤 ……………………………………………… 72

　　3.8.6　操作流程 ……………………………………………… 72

　　3.8.7　结果计算 ……………………………………………… 72

3.9　全铁的测定 ………………………………………………… 72

　　3.9.1　方法依据 ……………………………………………… 72

　　3.9.2　适用范围 ……………………………………………… 73

　　3.9.3　原理 …………………………………………………… 73

　　3.9.4　试剂和材料 …………………………………………… 73

　　3.9.5　仪器 …………………………………………………… 74

　　3.9.6　操作步骤 ……………………………………………… 74

　　3.9.7　操作流程 ……………………………………………… 74

　　3.9.8　结果计算 ……………………………………………… 75

3.10　溶解氧的测定 …………………………………………… 75

　　3.10.1　方法依据 …………………………………………… 75

　　3.10.2　适用范围 …………………………………………… 76

　　3.10.3　原理 ………………………………………………… 76

　　3.10.4　试剂和材料 ………………………………………… 76

　　3.10.5　仪器和设备 ………………………………………… 77

　　3.10.6　操作步骤 …………………………………………… 77

　　3.10.7　操作流程 …………………………………………… 77

　　3.10.8　结果计算 …………………………………………… 77

3.11　化学需氧量的测定 ……………………………………… 79

3.11.1　重铬酸钾法（标准法）…………………………………79

3.11.2　重铬酸钾法（快速法）…………………………………82

3.11.3　高锰酸钾法 …………………………………………84

3.12　硫酸盐的测定 …………………………………………87

3.12.1　方法依据 ……………………………………………87

3.12.2　适用范围 ……………………………………………88

3.12.3　方法提要 ……………………………………………88

3.12.4　试剂 …………………………………………………88

3.12.5　仪器 …………………………………………………88

3.12.6　操作步骤 ……………………………………………88

3.12.7　操作流程 ……………………………………………89

3.12.8　结果的表述 …………………………………………89

3.13　游离二氧化碳的测定 …………………………………90

3.13.1　方法依据 ……………………………………………90

3.13.2　适用范围 ……………………………………………90

3.13.3　方法提要 ……………………………………………90

3.13.4　试剂 …………………………………………………90

3.13.5　仪器 …………………………………………………91

3.13.6　操作步骤 ……………………………………………91

3.13.7　操作流程 ……………………………………………91

3.13.8　结果的表述 …………………………………………91

3.14　全硅的测定 ……………………………………………92

3.14.1　方法依据 ……………………………………………92

3.14.2　适用范围 ……………………………………………92

3.14.3　方法提要 ……………………………………………92

3.14.4　试剂 …………………………………………………92

3.14.5　仪器 …………………………………………………93

3.14.6　操作步骤 ……………………………………………93

3.14.7　操作流程 ……………………………………………95

4　标准溶液的配制与标定…………………………………96

4.1　氢氧化钠标准溶液 $[c(NaOH)=0.1mol/L]$ ……………96

4.1.1　试剂 …………………………………………………96

4.1.2　配制 …………………………………………………96

4.1.3　标定 …………………………………………………96

4.2　盐酸标准滴定溶液 $[c(HCl) \approx 0.1mol/L]$ ……………………… 97

　4.2.1　试剂 ……………………………………………………………… 97

　4.2.2　配制 ……………………………………………………………… 97

　4.2.3　标定 ……………………………………………………………… 97

4.3　乙二胺四乙酸二钠（EDTA）标准溶液 $[c(EDTA) = 0.02mol/L]$ …… 97

　4.3.1　试剂 ……………………………………………………………… 97

　4.3.2　配制 ……………………………………………………………… 98

　4.3.3　标定 ……………………………………………………………… 98

4.4　硫代硫酸钠标准溶液 $[c(Na_2S_2O_3) = 0.1mol/L]$ …………………… 98

　4.4.1　试剂 ……………………………………………………………… 98

　4.4.2　配制 ……………………………………………………………… 99

　4.4.3　标定 ……………………………………………………………… 99

4.5　硝酸银标准溶液 $[c(AgNO_3) = 0.1mol/L]$ …………………………… 99

　4.5.1　试剂 ……………………………………………………………… 99

　4.5.2　仪器 ……………………………………………………………… 99

　4.5.3　配制 ……………………………………………………………… 100

　4.5.4　标定 ……………………………………………………………… 100

4.6　高锰酸钾标准滴定溶液的配制与标定 ………………………………… 101

　4.6.1　高锰酸钾标准溶液 $\left[c\left(\dfrac{1}{5}KMnO_4\right) = 0.1mol/L\right]$ 的配制与标定 …… 101

　4.6.2　高锰酸钾标准溶液 $\left[c\left(\dfrac{1}{5}KMnO_4\right) = 0.01mol/L\right]$ 的配制与标定 … 102

附录1　锅炉用水和冷却水分析方法中通用的规则 ……………………… 103

附录2　氨-氯化铵缓冲溶液的调整 ………………………………………… 105

参考文献 ………………………………………………………………………… 106

# **1** 电 厂 用 水

## 1.1 电厂用水的分类及其特性

电厂用水，根据其使用在不同部位以及其作用的不同，一般可分为原水、给水、炉水、冷却水和排污水5种。

### 1.1.1 原水

又称生水或源水，泛指未经任何处理的天然水。电厂原水的来源，主要有江河水、湖水、地下水、海水和再生水5类。

#### 1.1.1.1 江河水

江河水是水圈中最为活跃的部分，其化学组分具有多样性和易变性，因为这种水在时间和空间上都有很大差异，一条河流水的化学组分在冬季和夏季可能有很大变化，在上游和下游也有很大差异。

表1-1列出世界河水的平均化学组分。一般来讲：低含盐量水（<200mg/L）

**表1-1　世界河水的平均化学组分**

| 主要离子/mg·kg$^{-1}$ | | 微量离子/μg·kg$^{-1}$ | | |
| --- | --- | --- | --- | --- |
| $HCO_3^-$ | 58.4 | 卤素 | $F^-$ | <1mg/kg |
| $SO_4^{2-}$ | 11.2 | | $Br^-$ | 约0.02mg/kg |
| $Cl^-$ | 7.8 | | $I^-$ | 约0.02mg/kg |
| $NO_3^-$ | 1 | 过渡元素 | V | ≪1 |
| $Ca^+$ | 15 | | Ni | 约10 |
| $Mg^{2+}$ | 4.1 | | Cu | 约10 |
| $Na^+$ | 6.3 | 其他 | B | 约13 |
| $K^+$ | 2.3 | | Rb | 1 |
| Fe(总) | 0.67 | | Ba | 50 |
| $SiO_2$ | 13.1 | | Zn | 10 |
| 总离子量 | 120 | | Pb | 1～10 |
| | | | U | 约1 |

为碳酸盐型水质，阳离子以 $Ca^{2+}$ 为主；较高含盐量水（>500mg/L）为硫酸盐型水质，阳离子以 $Na^+$ 为主；高含盐量水（>1000mg/L）为氯化物型水质，阳离子也以 $Na^+$ 为主。

### 1.1.1.2  湖水

由于湖泊的进水与出水交替缓慢，所以即使处于同一气候带的湖水和河水，湖水中离子总量的变化幅度也比河水大，从数十毫克/升到上万毫克/升。

湖水中化学组分的变化与河水相似，随着离子总量的增加，优势离子的顺序为：$HCO_3^- \rightarrow SO_4^{2-} \rightarrow Cl^-$，$Ca^{2+} \rightarrow Mg^{2+} \rightarrow Na^+$。

湖水按其离子总量分为淡水湖、咸水湖和盐湖，淡水湖的离子总量为小于1000mg/L，咸水湖的离子总量为 1000~25000mg/L，盐水湖的离子总量为大于25000mg/L。

### 1.1.1.3  地 下 水

埋藏在地表以下的所有天然水都称为地下水。按其埋藏的条件分为潜水（浅层地下水）和承压水（深层地下水）两种。浅层地下水是指分布在第一个隔水层以上靠近地表面的沉积物孔隙内水、风化岩石裂缝内水、碳酸盐岩溶洞内水等。深层地下水是指隔水层之间的水。

由于地下水与大气圈接触少，而与岩石矿物接触时间长，使地下水不同程度地含有地壳中所有的化学元素。地下水与地表水相比，悬浮固体含量很少，清澈透明，除含有主要离子 $HCO_3^-$、$SO_4^{2-}$、$Cl^-$、$Ca^{2+}$、$Mg^{2+}$、$Na^+$ 以外，还含有较多的 $Fe^{2+}$、$Mn^{2+}$、$NO_3^-$、$NO_2^-$、$H^+$、$As^{3+}$。

浅层地下水的分布深度可为 100~500m，主要依靠大气降水、地表水和水库渗漏水补充，有时也由深层地下水补充，大部分情况下是混合补充。由于浅层水与大气接触多，水中富氧及淋溶作用强烈，所以浅层水的化学组分及数量与岩石矿物的化学组分有关。

### 1.1.1.4  海水

海水是一种中等浓度的电解质水溶液。它覆盖的面积约占地球表面的71%。

由于海水长期的蒸发、浓缩作用，其含盐量高达 30~50g/L。其中，以氯化钠的含量最高，约占含盐量的89%；其次是硫酸盐和硅酸盐。由于世界各大洋相通，水质基本稳定，各主要离子之间的比例也基本一致，除 $HCO_3^-$、$CO_3^{2-}$ 两种离子变化较大外，其他各离子的含量大小依次是：$(K^+ + Na^+) > Mg^{2+} > Ca^{2+}$；$Cl^- > SO_4^{2-} > (HCO_3^- + CO_3^{2-})$。

海水的化学组分通常用氯度和盐度表示。氯度定义为在 1000g 海水中，若将溴和碘以氯代替时所含氯、溴、碘的总质量。盐度的定义是在 1000g 海水中，将所有的碳酸盐转变成氧化物，所有溴和碘用氯代替，以及有机物均已完全氧化后所含全部固体物质的总质量数。两者之间的关系为 1 盐度 = 1.80655 氯度。

由于海水中离子总量比地表水和地下水高得多，所以有部分离子以离子对的形式存在。表 1-2 列出了主要离子组分的存在形式。除表中的主要离子组分之外，还有少量微量浓度的碘（0.06mg/L）、汞（0.00003mg/L）、镉（0.0001mg/L）和镭（$1 \times 10^{-10}$ mg/L）等。

**表 1-2　海水中主要离子组分的存在形式**

| 阳离子 | 质量摩尔浓度/mol | 自由离子/% | 与硫酸根成离子对/% | 与碳酸氢根成离子对/% | 与碳酸根成离子对/% |
|---|---|---|---|---|---|
| $Ca^{2+}$ | 0.0104 | 91 | 8 | 1 | 0.2 |
| $Mg^{2+}$ | 0.0540 | 87 | 11 | 1 | 0.3 |
| $Na^+$ | 0.4752 | 99 | 1.2 | 0.01 | — |
| $K^+$ | 0.0100 | 99 | 1 | — | — |

| 阴离子 | 质量摩尔浓度/mol | 自由离子/% | 与 $Ca^{2+}$ 成离子对/% | 与 $Mg^{2+}$ 成离子对/% | 与 $Na^+$ 成离子对/% | 与 $K^+$ 成离子对/% |
|---|---|---|---|---|---|---|
| $SO_4^{2-}$ | 0.0284 | 54 | 3 | 21.5 | 21 | 0.5 |
| $HCO_3^-$ | 0.00238 | 69 | 4 | 19 | 8 | — |
| $CO_3^{2-}$ | 0.000269 | 9 | 7 | 67 | 17 | — |

目前，随着沿海城市的人口增加和工业的迅猛发展，海水已成为制取淡水的水资源，也是工业冷却用水的水资源。在海滨的火力发电厂，海水是凝汽器的冷却用水。

#### 1.1.1.5　再生水

对经过或未经过污水处理厂处理的集纳雨水、工业排水、生活排水进行适当处理，达到规定水质标准，可以被再次利用的水，称为再生水。

再生水可以用作电厂锅炉用水和冷却水，其控制项目和指标限值应符合表 1-3规定。

**表 1-3　再生水利用于工业用水控制项目和指标限值**

| 序号 | 控　制　项　目 | 冷却用水 | 锅炉用水 |
|---|---|---|---|
| 1 | 色度/度 | ≤30 | ≤30 |
| 2 | 浊度/NTU | ≤5 | ≤5 |
| 3 | pH 值 | 6.5~8.5 | 6.5~8.5 |
| 4 | 总硬度（以 $CaCO_3$ 计）/mg·L$^{-1}$ | ≤450 | ≤450 |
| 5 | 悬浮物（SS）/mg·L$^{-1}$ | ≤30 | ≤5 |

续表 1-3

| 序号 | 控　制　项　目 | 冷却用水 | 锅炉用水 |
|------|------|------|------|
| 6 | 五日生化需氧量（$BOD_5$）/mg·$L^{-1}$ | ≤10 | ≤10 |
| 7 | 化学需氧量（$COD_{Cr}$）/mg·$L^{-1}$ | ≤60 | ≤60 |
| 8 | 溶解性总固体/mg·$L^{-1}$ | ≤1000 | ≤1000 |
| 9 | 氨氮/mg·$L^{-1}$ | ≤10.0[a] | ≤10.0 |
| 10 | 总磷/mg·$L^{-1}$ | ≤1.0 | ≤1.0 |
| 11 | 铁/mg·$L^{-1}$ | ≤0.3 | ≤0.3 |
| 12 | 锰/mg·$L^{-1}$ | ≤0.1 | ≤0.1 |
| 13 | 粪大肠菌群/个·升$^{-1}$ | ≤2000 | ≤2000 |

注：铜材换热器循环水氨氮为 1mg/L。

### 1.1.2　给水

直接进入锅炉，供锅炉蒸发或加热使用的水称为给水。给水通常由补给水和生产回水两部分混合而成。

#### 1.1.2.1　补给水

锅炉在运行中由于取样、排污、泄漏等会损失掉一部分水，生产回水被污染不能回收利用或无蒸汽回水时，都必须补充符合水质要求的水，这部分水叫补给水。补给水是锅炉给水中除去一定量的生产回收外，补充供给的那一部分。因为锅炉给水有一定的质量要求，所以补给水一般都要经过适当的处理。当锅炉没有生产回水时，补给水就等于给水。

#### 1.1.2.2　生产回水

当蒸汽或热水的热能被利用之后，其凝结水或低温水应尽量回收循环使用，这部分水称为生产回水。提高给水中回水所占的比例，可以减少生产补给水的工作量。如果蒸汽或热水在生产流程中已被严重污染，那就不能进行回收。

### 1.1.3　炉水

正在运行的锅炉本体系统中流动着的水称为锅炉水。简称炉水。

### 1.1.4　冷却水

机组运行中用于冷却锅炉某一附属设备的水，称为冷却水，电厂一般采用生水作冷却水。

### 1.1.5　排污水

为了除去锅炉水中的杂质（过量的盐分、碱度等）和悬浮性水渣，以保证锅炉水质符合特定水质标准的要求，就必须从锅炉的一定部位排放掉一部分炉水，这部分水称为排污水。

## 1.2 电厂用水中杂质及其危害

天然水中的物质（杂质或污染物）可从不同的角度进行分类，如：（1）按化学性质，可将水中杂质分为无机杂质（主要包括溶解性离子、气体和细小泥沙）、有机杂质（主要包括腐殖质和蛋白质、脂肪等）和微生物杂质（主要包括原生动物、藻类、细菌、病毒等）；（2）按物理性质（颗粒大小），可分为悬浮物质、胶体物质和溶解性物质；（3）按杂质的污染特征，又可分为可生物降解有机物（也称耗氧有机物）、难生物降解有机物（如各种农药、胺类化合物）、无直接毒害无机物（如泥沙、酸、碱和氮、磷等）和有直接毒害无机物（如氰化物、砷化物等）。

出于水的净化和处理的需要，假定水中的物质均呈球形，并按其直径大小分成悬浮固体、胶体和溶解性物质三大类，溶解性物质又分为溶解气体、溶解无机离子和溶解性有机物质，如图 1-1 所示。

图 1-1　水中各种物质尺寸大小与特征

### 1.2.1 悬浮物质

悬浮物质是指颗粒直径大于 $10^{-4}$mm 的杂质，包括泥沙、黏土、藻类、细菌及动植物的微小碎片、纤维或死亡后的腐烂产物等。这些杂质构成了天然水的浑浊度和色度，悬浮物质在水中是不稳定的，其较轻物质浮于水面（如油脂等），较重物质静置时会下降（如沙石、黏土和动植物尸体碎片和纤维等）。

悬浮物的存在会影响离子交换设备及锅炉的安全经济运行，如果它们在离子交换器内沉积，将会使离子交换剂受到污染，从而使其交换容量降低，周期出水量减少，并影响离子交换器的出水质量。如果悬浮物直接进入锅炉，它会在热力系统内沉积，使传热效果变坏，导致热力设备金属因过热损坏而发生事故。

### 1.2.2 胶体物质

胶体物质是指颗粒直径在 $10^{-4} \sim 10^{-6}$mm 之间的杂质。

天然水中的胶体，一类是硅、铁、铝等矿物质胶体；另一类是由动植物腐败后的腐殖质形成的有机胶体。由于胶体表面带有同性电荷，它们的颗粒之间互相排斥，所以颗粒不能长大，不能靠重力下降，所以可在水中稳定存在。若不除去水中的胶体物质，将会在锅炉形成难以去除的坚硬水垢，并使锅炉水产生大量泡沫，引起汽水共沸，污染蒸汽品质，影响锅炉的正常运行。

### 1.2.3 溶解性物质

水中溶解的物质主要是气体和矿物质的盐类，它们都以分子或离子状态存在于水中，粒径在 1nm 以下。

#### 1.2.3.1 溶解气体

水中溶解的气体都以分子状态存在。水中常见的溶解气体有氧（$O_2$）、二氧化碳（$CO_2$）和氮（$N_2$），有时还有硫化氢（$H_2S$）、二氧化硫（$SO_2$）和氨（$NH_3$）等。能够引起锅炉腐蚀的有害气体主要是氧气和二氧化碳气体，有时还有些硫化氢气体，表 1-4 列出不同温度下 $CO_2$、$O_2$ 和 $H_2S$ 气体在水中的溶解度。

**表 1-4　不同温度下 $CO_2$、$O_2$ 和 $H_2S$ 在水中的溶解度**　　　　（mg/L）

| 温度/℃ | $CO_2$ | $O_2$ | $H_2S$ | 温度/℃ | $CO_2$ | $O_2$ | $H_2S$ |
|---|---|---|---|---|---|---|---|
| 0 | 3350 | 69.5 | 7070 | 30 | 1260 | 35.9 | 2980 |
| 5 | 2770 | 60.7 | 6000 | 40 | 970 | 30.8 | 2360 |
| 10 | 2310 | 53.7 | 5110 | 50 | 760 | 26.6 | 1780 |
| 15 | 1970 | 48.0 | 4410 | 60 | 580 | 22.8 | 1480 |
| 20 | 1690 | 43.4 | 3850 | 80 | | 13.8 | 765 |
| 25 | 1450 | 39.3 | 3380 | 100 | | 0 | 0 |

### 1.2.3.2　溶解无机离子

水中的溶解无机离子（盐类）都是以离子状态存在的，主要来自地层中矿物质的溶解。

水中的溶解无机离子往往以离子对的状态存在。天然水体中含有的主要离子有 $Cl^-$、$SO_4^{2-}$、$HCO_3^-$、$CO_3^{2-}$、$Na^+$、$K^+$、$Ca^{2+}$ 和 $Mg^{2+}$ 八种离子，它们几乎占水中溶解固体总量的 95% 以上。这些杂质若不除去，会造成锅炉结垢、腐蚀和污染蒸汽品质，使锅炉金属过热变形、腐蚀穿孔、缩短锅炉使用寿命、浪费燃料、降低锅炉热效率或者产生汽水共沸，以至发生堵管、爆管等重大事故，破坏锅炉的安全经济运行。

另外，水中还有一定的生物生成物、微量元素及有机物。生物生成物主要是一些氮的化合物（如 $NH_4^+$、$NO_2^-$、$NO_3^-$）、磷的化合物（$HPO_4^{2-}$、$H_2PO_4^-$、$PO_4^{3-}$）、铁的化合物和硅的化合物。微量元素是指含量小于 $10mg/L$ 的元素，主要有 $Br^-$、$I^-$、$Cu^{2+}$、$Co^{2+}$、$Ni^{2+}$、$F^-$、$Fe^{2+}$、$Ra^{2+}$ 等。

### 1.2.3.3　溶解有机物

天然水体中的有机物不仅种类繁多，而且分子结构复杂，但浓度较低，一般都在毫克/升级到微克/升级以下。天然水体中的有机物有的呈溶解态，有的呈胶态，也有的呈悬浮态。

锅炉用水中杂质对锅炉热力设备的危害归纳于表 1-5。

**表 1-5　水中杂质对热力设备的有害影响**

| 序号 | 杂质名称 | 对设备影响 |
|------|----------|------------|
| 1 | 悬浮物 | 污染树脂，降低其交换性能，尤其对逆流再生设备影响较大 |
| 2 | 有机物 | 使阴离子交换树脂污染老化，降低交换容量及使用寿命，进入锅炉后能造成汽水共沸，恶化蒸汽品质 |
| 3 | 游离氯 | 是氧化剂，能造成树脂的不可逆膨胀而使树脂损坏 |
| 4 | 溶解氧 | 可造成水处理系统和给水系统的腐蚀，但在高纯给水中进行弱碱性水加氧处理，可形成一层保护膜，减缓对给水系统的腐蚀 |
| 5 | 硅酸化合物 | 易在热力系统结垢，在汽轮机叶片上积盐，影响机组效率 |
| 6 | 碳酸盐化合物 | 在加热后能分解出二氧化碳，造成给水系统二氧化碳腐蚀 |
| 7 | 钙镁盐类 | 能在强受热面上结出坚硬的水垢 |
| 8 | 钾钠盐类 | 能在过热器、汽轮机叶片上积盐 |
| 9 | 铜铁垢 | 进入离子交换树脂内不易再被交换出来；在锅炉水冷壁管上结垢又能造成溃疡性垢下腐蚀，严重影响锅炉安全运行 |
| 10 | 氨和铵盐 | 适量的氨对抑制系统中的二氧化碳腐蚀有好处，但过量后能促使对铜的腐蚀 |
| 11 | 硝酸、亚硝酸盐 | 能造成水冷壁及过热器的腐蚀 |

# 1.3 电厂用水的水质指标

由于工业用水的种类繁多，因此对水质的要求也各不相同。水质指标也称水质参数，电厂用水的水质指标见表 1-6。

**表 1-6 电厂用水的水质指标**

| 指标名称 | 符号 | 单位 | 指标名称 | 符号 | 单位 |
|---|---|---|---|---|---|
| pH 值 | pH | — | 稳定度 | — | — |
| 全固体 | QG | mg/L | 二氧化碳 | $CO_2$ | mg/L |
| 悬浮固体 | XG | mg/L | 碳酸氢根 | $HCO_3^-$ | mg/L 或 mmol/L |
| 浊度（浑浊度） | ZD | FTU | 碳酸根 | $CO_3^{2-}$ | mg/L 或 mmol/L |
| 透明度 | TD | cm | 氯离子 | $Cl^-$ | mg/L |
| 溶解固体 | RG | mg/L | 硫酸根 | $SO_4^{2-}$ | mg/L |
| 灼烧减少固体 | SG | mg/L | 二氧化硅 | $SiO_2$ | mg/L |
| 含盐量 | YL 或 c | mg/L 或 mmol/L | 磷酸根 | $PO_4^{3-}$ | mg/L |
| 电导率 | $\kappa$ | μS/cm | 硝酸根 | $NO_3^-$ | mg/L |
| 硬度 | YD 或 H | mmol/L | 亚硝酸根 | $NO_2^-$ | mg/L |
| 碳酸盐硬度 | TDT 或 HT | mmol/L | 钙 | Ca | mg/L 或 mmol/L |
| 非碳酸盐硬度 | YDF 或 HF | mmol/L | 镁 | Mg | mg/L 或 mmol/L |
| 碱度 | JD 或 B | mmol/L | 钠 | Na | mg/L |
| 酸度 | SD 或 A | mmol/L | 钾 | K | mg/L |
| 化学需氧量 | COD | $mg/LO_2$ | 氨 | $NH_3$ | mg/L |
| 生化需氧量 | BOD | $mg/LO_2$ | 铁 | Fe | mg/L |
| 总有机碳 | TOC | mg/L | 铝 | Al | mg/L |
| 含油量 | YF | mg/L | 溶解氧 | DO | mg/L |

在表 1-6 所列出的水质指标中，有两种类型：一种是反映水中某一具体组分，如 pH 值及各种无机离子，含义非常明确，这种水质指标称为成分指标；另一种不是代表水中某一具体组分，而是表示某一类物质的总和，这一种水质指标称为技术指标，它是根据水的某一种使用性能而制定的，如水的悬浮固体和浑浊度表示水中所含造成水体浑浊的物质总量。

有些技术指标反映某一类物质的总量，概念比较清楚。如硬度，这个指标反映水中造成结垢物质的总阳离子含量，而且知道它主要表示钙、镁离子之和。但也有些技术指标不易推测出它的组分，如色度、嗅、味等，它只是反映造成水体带有颜色深浅或嗅味大小的物质总量，很难推测有哪些具体组分。

### 1.3.1 悬浮固体、浊度与透明度

（1）悬浮固体（suspended solids）：表示水中悬浮物质的含量，由于它容易在管道、设备内沉积和影响其他水处理设备的正常运行，所以它是任何水处理系统首先要清除的杂质。

（2）浊度（turbidity）：通常使用光电浊度仪测定，它是利用光的散射原理制定的。采用福马肼（Formazine）标准液，利用散射光原理测得的浊度称为散射光（nepheiometer）福马肼浊度（NTU），采用福马肼标准液利用透射光原理测得的浊度称为透射光福马肼浊度（NTU）。在水处理澄清池、空气擦洗滤池、双介质过滤器、活性炭过滤器；精处理前置过滤器；废水处理澄清池等处都要监测悬浮物的含量。

（3）透明度（transparency）：表示水的透明程度。水中悬浮固体的含量越低，透明度越高，水越澄清，透明度与浊度的意义相反。

### 1.3.2 溶解固体

溶解固体（dissolved solids）是指水中除溶解气体之外的各种溶解物质的总量。指示一种理论上的指标，目前一些与其含义相近似的指标有含盐量、蒸发残渣、灼烧减少固体和电导率。

#### 1.3.2.1 含盐量

含盐量（salinity）表示水中各种溶解盐类的总和，可由水质全分析得到的全部阳离子和阴离子相加而得，单位用 mg/L 表示。也可用摩尔表示，即将得到的全部阳离子（或全部阴离子）均按一个电荷的离子为基本单元相加而得，单位用 mmol/L 表示。

#### 1.3.2.2 蒸发残渣

蒸发残渣是指过滤后的水样在 105~110℃ 下蒸干所得的残渣。水中的蒸发残渣和悬浮固体之和，称为全固体（total solid matter），它是将被测水样直接在水浴锅上蒸干，然后在 105~110℃ 下恒重而得。

#### 1.3.2.3 灼烧减少固体

灼烧减少固体（ignition losses）是将溶解固体在 $600\pm25℃$ 下灼烧，灼烧后剩余的物质量称为灼烧残渣或矿物残渣。水的含盐量 $c$ 与溶解固体之间的关系，可表示为

$$c = c \sum_{阳} + c \sum_{阴} = c \sum_{溶解固体} - c \sum_{SiO_2} - c \sum_{有机物} + c\left(\frac{1}{2}HCO_3^-\right) \quad (1-1)$$

#### 1.3.2.4 电导率

由于水中有以离子状态存在的物质，因此具有导电能力，所以水的含盐量还可用水的导电能力（即电导率）指标来表示。

天然水的导电能力与水的温度有关，水温在25℃时，1μS/cm相当于0.55～0.9mg/L。如果水的温度不同，比例关系需要校正，每变化1℃大约变化2%。25℃水中各种离子1mg/L相当的电导率见表1-7。

表1-7 各种离子1mg/L相当的电导率（25℃）

| 阳离子 | 电导率 /μS·cm⁻¹ | 阴离子 | 电导率 /μS·cm⁻¹ | 阳离子 | 电导率 /μS·cm⁻¹ | 阴离子 | 电导率 /μS·cm⁻¹ |
|---|---|---|---|---|---|---|---|
| $Na^+$ | 2.13 | $Cl^-$ | 2.14 | $Ca^{2+}$ | 2.6 | $HCO_3^-$ | 0.715 |
| $K^+$ | 1.84 | $F^-$ | 2.91 | $Mg^{2+}$ | 3.82 | $CO_3^{2-}$ | 2.82 |
| $NH_4^+$ | 5.24 | $NO_3^-$ | 5.1 | | | $SO_4^{2-}$ | 1.54 |

如果水的溶解固体总量（TDS）在50～5000mg/L之间，则水的电导率与TDS之间有以下近似关系

$$\lg TDS = 1.006 \lg \kappa_{H_2O} - 0.215 \qquad (1-2)$$

式中，$\kappa_{H_2O}$为水的电导率，μS/cm；TDS为水的溶解固体总量，mg/L。

几乎所有的水处理系统都要监测水的电导率。电导率分为比电导率和氢电导率。通常所提到的电导率一般指比电导率，它是溶液传送电流的能力，是电阻率的倒数。氢电导率是水样经过小型氢交换柱后仪表监测的电导率。同一种水质，氢电导率相对比电导率而言，数值大些，容易监测水质的变化。如监测水处理阴床出水、混床出水电导率，可以判断树脂是否失效；监测凝结水、给水氢电导率，可以直接判断水质的好坏；通过检漏装置监测凝汽器凝结水的电导率，能很灵敏地检测到凝汽器是否泄漏。

### 1.3.3 硬度

硬度（hardness）表示水中多价金属离子的总浓度，对天然水体来说主要是钙离子和镁离子，其他多价金属离子很少，所以通常称水中钙离子和镁离子之和为硬度，它在一定程度上表示了水中结垢物质的多少。它是衡量锅炉给水水质好坏的一项重要技术指标。水中含钙、镁离子会导致热力设备水汽系统结垢。在水处理系统阳床出水有时要监测硬度是为了防止阳床深度失效，导致硬度带入汽水系统；汽水系统凝结水、给水都要监测硬度，特别是机组启动初期。

### 1.3.4 碱度和酸度

水的碱度（alkalinity、basicity）表示水中所含能接受氢离子物质的总量。所

以，水的总碱度 $B$（total basicity，单位：mmol/L）为

$$B = [OH^-] + [HCO_3^-] + 2[CO_3^{2-}] + [H_3SiO_4^-] + [B(OH)_4^-] + $$
$$[HPO_4^{2-}] + [NH_3] + f'[Ac^-] - H^+ \tag{1-3}$$

因为
$$H_3SiO_4^- + H^+ \Longleftrightarrow H_4SiO_4 \tag{1-4}$$

$$B(OH)_4^- + H^+ \Longleftrightarrow H_3BO_3 + H_2O \tag{1-5}$$

$$HPO_4^{2-} + H^+ \Longleftrightarrow H_2PO_4^- \tag{1-6}$$

$$NH_3 + H^+ \Longleftrightarrow NH_4^+ \tag{1-7}$$

$$Ac^- + H^+ \Longleftrightarrow HAc \tag{1-8}$$

所以用甲基橙为指示剂，滴定至终点时，反应式（1-4）～式（1-8）可进行到底，转化为相应的酸，只是 $Ac^-$ 部分转化为 HAc，$f'$ 称为转化系数。对一般天然水来讲，水中碱度主要是 $HCO_3^-$。

在水质全分析中需测定碱度，碱度大小可以用酸来滴定测得。

水的酸度（acidity）$A$ 表示水中所含能与强碱发生中和反应的物质总量，即能放出质子 $H^+$ 和经过水解能产生 $H^+$ 的物质总量。酸度大小可以用碱来滴定测得。在原水水质全分析中需测定酸度。

## 1.3.5 pH 值

pH 值表示水中 $H^+$ 活度的大小。在水处理系统和热力汽水系统中经常要监测水的 pH 值。特别是给水需严格控制 pH 值大小，pH 值控制不当随时有可能导致热力系统腐蚀。

## 1.3.6 溶解氧

溶解氧表示水中溶解态分子氧的含量。溶解氧含量大小直接影响到热力系统设备的腐蚀。溶解氧在汽水系统中几乎需要全程监控。

## 1.3.7 有机物

炉水中的有机物质是由于原水中的有机物（腐殖酸类物质）形成稳定的水溶性胶体，离子交换无法去除，因而由补给水系统进入锅炉。有时也有树脂类高分子有机化合物以粉末状进入锅炉，这些有机物在炉水蒸气循环的高温和高压作用下，大部分发生热分解，由于其离解作用而产生酸性物质，导致炉水 pH 值降低，树脂粉末，特别是磺酸型阳树脂在高温、高压作用下分解生成硫酸，使炉水 pH 值降低。由此，产生腐蚀的危害。有时，有机物还会从炉水系统进入蒸汽中，引起蒸汽循环系统的腐蚀危害很大。

天然水中的有机物种类众多，成分也很复杂，难以进行逐个测定。可以利用

有机物的可氧化性或可燃性，用某些指标间接地反映水中有机物的含量。

### 1.3.7.1　化学需氧量（COD）

化学需氧量（chemical oxygen demand）是指用化学氧化剂氧化水中有机物时所需要的氧量，单位以含氧气 mg/L 表示。常用的氧化剂有高锰酸钾和重铬酸钾。高锰酸钾法多用于轻度污染的天然水和清水的测定，重铬酸钾法多用于废水中有机物的测定。对同一种水质，通常是 $COD_{Cr} > COD_{Mn}$。在原水水质全分析、活性炭过滤器出口都要监测 COD 大小。

### 1.3.7.2　生化需氧量

生化需氧量（bio-chemical oxygen demand）是指利用微生物氧化水中有机物所需要的氧量，单位也是用 mg/L 表示。在水质相对稳定的条件下，一般是 $COD_{Cr} > BOD_5 > COD_{Mn}$。$BOD_5$ 多用于废水中有机物的测定，$BOD_5$ 和 $COD_{Cr}$ 的比值反映水的可生化程度，当比值大于 30% 的水才可能进行生物氧化处理。

### 1.3.7.3　总有机碳

总有机碳（total organic carbon）TOC 是指水中有机物的总含碳量。总有机碳有两种测定方法：一种方法是燃烧氧化法；另一种方法是用紫外线（185nm）或在二氧化钛催化下的紫外线或用过硫酸盐作氧化剂，将水中有机物氧化，用红外线或电导率进行测量。前者多用于高有机物含量的测定，后者多用于低有机物含量的测定。

### 1.3.7.4　总需氧量

当有机物全部被氧化时，碳被氧化成 $CO_2$，氢、氮、硫分别被氧化成 $H_2O$、NO 和 $SO_2$，这时的需氧量称为总需氧量（total oxygen demand）。TOD 既包括难以分解的有机物含量，也包括一些无机硫、磷等元素，全部氧化所需的氧量。对同一水样，一般 TOD>COD，它是通过专业仪器测定的。

## 1.3.8　钠离子和二氧化硅

凝汽器检漏装置除监测电导率外，通过监测钠离子，也能很灵敏地检测到凝汽器是否泄漏。汽水系统监测主蒸汽中钠离子是为了检测蒸汽携带的盐类物质，防止系统积盐。监测阳床出水中钠离子是因为阳树脂在将近失效时，最先漏出的是钠离子。

天然水中的硅分为活性硅和非活性硅（胶体硅），原水中大部分非活性硅被混凝除去，活性硅被反渗透装置、阴床和混床的阴树脂除去。监测阴床、混床出水硅是因为阴床、混床阴树脂在将近失效时，最先漏出的是 $HSiO_3^-$。除硬度（$Ca^{2+}$、$Mg^{2+}$）外，$HSiO_3^-$ 也是导致热交换设备、管道结垢的主要物质。给水系统中监测二氧化硅可以防止热力系统结垢。

限制炉水中的含盐量（或含钠量）和含硅量是为了保证蒸汽品质。蒸汽带水会使炉水中的钠盐和硅酸带入蒸汽，蒸汽溶解也会增加蒸汽中钠盐和硅酸的含量。当炉水含盐量或含硅量超过一定数值时，蒸汽带水量会明显增加，使蒸汽品质明显变坏。

当炉水含盐量增加到一定程度，炉水黏度增加，炉水中小气泡不易长大，同时可能产生泡沫层，使蒸汽带水量增加，蒸汽中含盐量也增加。

在高压锅炉中，蒸汽对水中某些物质（如硅酸）有选择性溶解性携带现象，又称选择性携带。蒸汽对硅酸的溶解性携带量与炉水中硅酸含量成正比，即炉水中含硅量越大，蒸汽中含硅量也越高。蒸汽中含硅量超标可能造成 $SiO_2$ 在汽轮机中沉积。

### 1.3.9 铜和铁

给水中铜和铁的含量，是作为评价热力系统金属腐蚀程度的依据之一。给水中的铜和铁，主要源于金属腐蚀产物。锅炉给水中含有铜和铁时，会在金属受热面上形成铜垢或铁垢，由于金属表面与铁垢、铜垢沉积物之间电位差异，从而引起了金属的局部腐蚀，这种腐蚀一般是坑蚀，容易造成金属穿孔或爆裂，所以危害性很大。因此，严格控制给水中铜和铁的含量，是防止锅炉腐蚀的必要措施。

电厂用水的一般分析项目以及每个监测项目不合格可能引起的问题归纳见表1-8。

**表1-8 电厂用水的一般分析项目以及每个监测项目不合格可能引起的问题**

| 分析项目 | 引起的问题 |
|---|---|
| 浊度 | 会在管道、生产设备水侧产生沉积物而影响传热效率 |
| 硬度 | 导致热交换设备、给水管道等部位形成钙镁水垢 |
| 碱度 | 炉水发泡同时增加蒸汽机械携带量，碳酸氢盐和碳酸盐高温分解二氧化碳，进入蒸汽，导致凝结水 pH 值降低，造成酸性腐蚀 |
| 酸度 | 酸性腐蚀 |
| 二氧化碳 | 导致给水水管道、蒸汽和凝结水管道的酸性腐蚀 |
| pH | pH 值偏高或偏低都会造成氧化膜的破坏，加剧腐蚀 |
| 硫酸根 | 增加水中固体物含量，会与钙离子结合形成硫酸钙垢 |
| 氯离子 | 增加水中固体物含量和水的腐蚀性，对奥氏体不锈钢有强烈的腐蚀性 |
| 二氧化硅 | 锅内和冷却水系统结垢。易被蒸汽溶解携带，在汽轮机叶片上形成积盐 |
| 铁 | 沉淀时会使水变色。为水管、锅炉管等水侧沉积物的来源 |
| 锰 | 沉淀时会使水变色。为水管、锅炉管等水侧沉积物的来源 |
| 溶解氧 | 引起管道、热交换设备和锅炉等发生氧腐蚀 |

续表 1-8

| 分析项目 | 引起的问题 |
|---|---|
| 氨 | 与铜和锌形成可溶性的复合离子，加剧铜和锌合金腐蚀 |
| 溶解固形物 | 导致热交换设备、锅炉、管道内形成沉积物 |
| 悬浮物 | 导致热交换设备、锅炉、管道内形成沉积物 |
| 全固形物 | 导致炉水起泡，以及在热交换设备、锅炉、管道内形成沉积物 |

# 1.4　电厂用水、汽的质量标准

火力发电厂的水汽化学监督是保证发电设备安全、经济运行的重要措施之一。为了防止水汽质量劣化引起设备发生事故，必须贯彻"安全第一、预防为主"的方针，认真做好水汽化学监督全过程的质量管理。新建火电厂从水源选择，水处理系统设计，设备和材料的选型，安装和调试，直至设备运行、检修和停用的各个阶段都应坚持质量标准，以保证各项水汽质量符合《火力发电厂水汽化学监督导则》（DL/T 561—2013）的规定，防止热力设备因腐蚀、结垢、积盐而发生事故。

## 1.4.1　新建机组试运行阶段水、汽质量

《火力发电厂水汽化学监督导则》（DL/T 561—2013）规定了机组整套启动及 168h 满负荷试运行阶段的水、汽的质量标准：

（1）300MW 以下的机组，当汽轮机冲转时，过热蒸汽的二氧化硅含量不大于 $100\mu g/kg$，含钠量不大于 $50\mu g/kg$；

（2）300MW 以上的机组，当汽轮机冲转时，过热蒸汽的二氧化硅含量不大于 $80\mu g/kg$，含钠量不大于 $20\mu g/kg$；

（3）有凝结水精除盐装置时，凝结水的回收质量应符合表 1-9 的规定。无凝结水精除盐装置时，应符合给水水质标准。

表 1-9　凝结水回收质量标准[①]

| 外观 | 硬度/$\mu mol \cdot L^{-1}$ | 铁[②]/$\mu g \cdot L^{-1}$ | 二氧化硅/$\mu g \cdot L^{-1}$ | 铜/$\mu g \cdot L^{-1}$ |
|---|---|---|---|---|
| 无色透明 | ≤5.0 | ≤80 | ≤80 | ≤30 |

①对于海滨电厂还应控制含钠量不大于 $80\mu g/L$。

②直接空冷机组，可放宽至不大于 $100\mu g/L$。

（4）机组试运期间，锅炉给水质量应符合表 1-10 的规定。

表 1-10 机组整套启动试运行时的蒸汽质量标准

| 炉型 | 锅炉过热蒸汽压力/MPa | 阶段 | 钠/μg·kg⁻¹ | 二氧化硅/μg·kg⁻¹ | 铁/μg·kg⁻¹ | 铜/μg·kg⁻¹ | 氢电导率(25℃)/μS·cm⁻¹ |
|---|---|---|---|---|---|---|---|
| 汽包炉 | 12.7~18.3 | 带负荷至1/2额定负荷前 | ≤20 | ≤60 | — | — | ≤1.0 |
| | | 1/2额定负荷至满负荷 | ≤10 | ≤20 | ≤20 | ≤5 | ≤0.3 |
| 直流炉 | 12.7~18.3 | 带负荷至1/2额定负荷前 | ≤20 | ≤30 | — | — | ≤0.6 |
| | | 1/2额定负荷至满负荷 | ≤10 | ≤20 | ≤20 | ≤5 | ≤0.3 |
| | >18.3 | 带负荷至1/2额定负荷前 | ≤20 | ≤30 | ≤30 | ≤15 | ≤0.5 |
| | | 1/2额定负荷至满负荷 | ≤5 | ≤15 | ≤10 | ≤5 | ≤0.3 |

(5) 对蒸汽压力高于 15.6MPa 的汽包炉，应进行洗硅，使蒸汽中的二氧化硅不大于 $60\mu g/kg$。

### 1.4.2 火力发电机组及蒸汽动力设备水汽质量

《火力发电机组及蒸汽动力设备水汽质量》（GB/T 12145—2016）规定了火力发电机组及蒸汽动力设备水汽质量。

#### 1.4.2.1 蒸汽质量

汽包炉和直流炉的主蒸汽质量应符合表 1-11 的规定。

表 1-11 蒸汽质量

| 过热蒸汽压力/MPa | 钠/μg·kg⁻¹ | | 氢电导率(25℃)/μS·cm⁻¹ | | 二氧化硅/μg·kg⁻¹ | | 铁/μg·kg⁻¹ | | 铜/μg·kg⁻¹ | |
|---|---|---|---|---|---|---|---|---|---|---|
| | 标准值 | 期望值 | 标准值 | 期望值 | 标准值 | 期望值 | 标准值 | 期望值 | 标准值 | 期望值 |
| 3.8~5.8 | ≤15 | — | ≤0.30 | — | ≤20 | — | ≤20 | — | ≤5 | — |
| 5.9~15.6 | ≤5 | ≤2 | ≤0.15① | | ≤15 | ≤10 | ≤15 | ≤10 | ≤3 | ≤2 |
| 15.7~18.3 | ≤3 | ≤2 | ≤0.15① | ≤0.10① | ≤15 | ≤10 | ≤10 | ≤5 | ≤3 | ≤2 |
| >18.3 | ≤2 | ≤1 | ≤0.10 | ≤0.08 | ≤10 | ≤5 | ≤5 | ≤3 | ≤2 | ≤1 |

①表面式凝汽器、没有凝结水精除盐装置的机组，蒸汽的脱气电导率标准值不大于 0.15μS/cm，期望值不大于 0.10μS/cm；没有凝结水精除盐装置的直接空冷机组，蒸汽的氢电导率标准值不大于 0.30μS/cm，期望值不大于 0.15μS/cm。

#### 1.4.2.2 锅炉给水质量

(1) 锅炉给水质量应符合表 1-12 的规定。

表 1-12　锅炉给水质量

| 控制项目 | 标准值和期望值 | 过热蒸汽压力/MPa | | | | | |
|---|---|---|---|---|---|---|---|
| | | 汽包炉 | | | | 直流炉 | |
| | | 3.8~5.8 | 5.9~12.6 | 12.7~15.6 | >15.6 | 5.9~18.3 | >18.3 |
| 氢电导率（25℃）/ μS·cm⁻¹ | 标准值 | — | ≤0.30 | ≤0.30 | ≤0.15① | ≤0.15 | ≤0.10 |
| | 期望值 | | | | ≤0.10 | ≤0.10 | ≤0.08 |
| 硬度/μmol·L⁻¹ | 标准值 | ≤2.00 | — | — | — | — | — |
| 溶解氧②μg/L | 还原性全挥发处理　标准值 | ≤15 | ≤7 | ≤7 | ≤7 | ≤7 | ≤7 |
| | 氧化性全挥发处理　期望值 | ≤15 | ≤10 | ≤10 | ≤10 | ≤10 | ≤10 |
| 铁/μg·L⁻¹ | 标准值 | ≤50 | ≤30 | ≤20 | ≤15 | ≤10 | ≤5 |
| | 期望值 | — | — | — | ≤10 | ≤5 | ≤3 |
| 铜/μg·L⁻¹ | 标准值 | | | | | | |
| | 期望值 | — | — | — | ≤2 | ≤2 | ≤1 |
| 钠/μg·L⁻¹ | 标准值 | | | | | ≤3 | ≤2 |
| | 期望值 | | | | | ≤2 | ≤1 |
| 二氧化硅/μg·L⁻¹ | 标准值 | 应保证蒸汽二氧化硅符合表 1.11 的规定 | | | ≤20 | ≤15 | ≤10 |
| | 期望值 | | | | ≤10 | ≤10 | ≤5 |
| 氯离子/μg·L⁻¹ | 标准值 | | | | ≤2 | ≤1 | ≤1 |
| TOCi③/μg·L⁻¹ | 标准值 | — | ≤500 | ≤500 | ≤200 | ≤200 | ≤200 |

注：液态排渣炉和燃油的锅炉给水的硬度、铁、铜含量，应符合比其压力高一级锅炉的规定。

①没有凝结水精处理除盐装置的水冷机组，给水氢电导率应不大于 0.30μS/cm。

②加氧处理时，溶解氧指标按表 1.14 控制。

③总有机碳离子，即有机物中总的碳含量与氧化后产生阴离子的其他杂原子含量之和。

（2）当给水采用全挥发处理时，给水的调节指标应符合表 1-13 的规定。

表 1-13　全挥发处理给水的调节指标

| 炉型 | 锅炉过热蒸汽压力/MPa | pH（25℃）值 | 联氨/μg·L⁻¹ | |
|---|---|---|---|---|
| | | | 还原性全挥发处理 | 氧化性全挥发处理 |
| 汽包炉 | 3.8~5.8 | 8.8~9.3 | — | |
| | 5.9~15.6 | 有铜给水系统：8.8~9.3 无铜给水系统：9.2~9.6① | ≤30 | — |
| | >15.6 | | | |
| 直流炉 | >5.9 | | | |

①凝汽器管为铜管和其他换热器管为钢管的机组，给水 pH 值控制范围为 9.1~9.4，并控制凝结水铜含量小于 2 μg/L；无凝结水精除盐装置、无铜给水系统的直接空冷机组，给水 pH 值应大于 9.4。

（3）当采用加氧处理时，给水的调节指标应符合表 1-14 的规定。

**表 1-14　加氧处理时给水 pH 值、氢电导率、溶解氧的含量**

| pH（25℃）值 | 氢电导率（25℃）/μS·cm⁻¹ | | 溶解氧/μg·L⁻¹ |
|---|---|---|---|
| 8.5~9.3 | ≤0.15 | ≤0.10 | 10~150[①] |

注：采用中性加氧处理的机组，给水的 pH 宜为 7.0~8.0（无铜给水系统），溶解氧宜为 50~250μg/L。
①含氧量接近下限时，pH 值应为 9.0。

### 1.4.2.3　凝结水质量

（1）凝结水质量应符合表 1-15 的规定。

**表 1-15　凝结水泵出口水质**

| 锅炉过热蒸汽压力/MPa | 硬度/μmol·L⁻¹ | 溶解氧[①]/μg·L⁻¹ | 钠/μg·L⁻¹ | 氢电导率（25℃）/μS·cm⁻¹ | |
|---|---|---|---|---|---|
| | | | | 标准值 | 期望值 |
| 3.8~5.8 | ≤2.0 | ≤50 | — | — | — |
| 5.9~12.6 | 约0 | ≤50 | — | ≤0.30 | — |
| 12.7~15.6 | 约0 | ≤40 | — | ≤0.30 | ≤0.20 |
| 15.7~18.3 | 约0 | ≤30 | ≤5[②] | ≤0.30 | ≤0.15 |
| >18.3 | 约0 | ≤20 | ≤5 | ≤0.20 | ≤0.15 |

①直接空冷机组凝结水溶解氧浓度标准值应小于 100μg/L，期望值小于 30μg/L。配有混合式凝汽器的间接空冷机组凝结水溶解氧浓度宜小于 200μg/L。
②凝结水有精处理除盐装置时，凝结水泵出口的钠浓度可放宽至 10μg/L。

（2）经精除盐装置后的凝结水质量应符合表 1-16 的规定。

**表 1-16　凝结水除盐后的水质**

| 锅炉过热蒸汽压力/MPa | 氢电导率（25℃）/μS·cm⁻¹ | | 钠/μg·L⁻¹ | | 铁/μg·L⁻¹ | | 二氧化硅/μg·L⁻¹ | | 氯离子/μg·L⁻¹ | |
|---|---|---|---|---|---|---|---|---|---|---|
| | 标准值 | 期望值 | 标准值 | 期望值 | 标准值 | 期望值 | 标准值 | 期望值 | 标准值 | 期望值 |
| ≤18.3 | ≤0.15 | ≤0.10 | ≤3 | ≤2 | ≤5 | ≤3 | ≤15 | ≤10 | ≤2 | ≤1 |
| >18.3 | ≤0.10 | ≤0.08 | ≤2 | ≤1 | ≤5 | ≤3 | ≤10 | ≤5 | ≤1 | — |

### 1.4.2.4　锅炉炉水质量

汽包炉炉水的处理方式和水质标准可参照表 1-17 控制。

**表 1-17　汽包炉炉水处理方式和水质标准**

| 处理方式 | 锅炉汽包压力/MPa | 二氧化硅/mg·L⁻¹ | 氯离子/mg·L⁻¹ | 电导率（25℃）/μS·cm⁻¹ | 氢电导率（25℃）/μS·cm⁻¹ | 磷酸根/mg·L⁻¹ | pH[③]（25℃）值 | |
|---|---|---|---|---|---|---|---|---|
| | | | | | | | 标准值 | 期望值 |
| 炉水固体碱化剂处理 | 3.8~5.8 | — | — | — | — | 5~15 | 9.0~11.0 | — |
| | 5.9~10.0 | ≤2.00[①] | — | <50 | — | 2~10 | 9.0~10.5 | 9.5~10.0 |
| | 10.1~12.6 | ≤2.00[①] | — | <30 | — | 2~6 | 9.0~10.0 | 9.5~9.7 |
| | 12.7~15.6 | ≤0.45[①] | ≤1.5 | <20 | — | ≤3[③] | 9.0~9.7 | 9.3~9.7 |

续表 1-17

| 处理方式 | 锅炉汽包压力/MPa | 二氧化硅/mg·L⁻¹ | 氯离子/mg·L⁻¹ | 电导率(25℃)/μS·cm⁻¹ | 氢电导率(25℃)/μS·cm⁻¹ | 磷酸根/mg·L⁻¹ | pH③（25℃）值 | |
|---|---|---|---|---|---|---|---|---|
| | | | | | | | 标准值 | 期望值 |
| 炉水固体碱化剂处理 | > 15.6 | ≤0.10 | ≤0.4 | <15 | <5② | ≤1③ | 9.0~9.7 | 9.3~9.6 |
| 炉水全挥发处理 | | ≤0.08 | ≤0.03 | — | <1.0 | — | 9.0~9.7 | — |

①汽包内有清洗装置时，其控制指标可适当放宽。炉水二氧化硅浓度指标应保证蒸汽二氧化硅浓度符合标准。

②仅适用于炉水氢氧化钠处理。

③控制炉水无硬度。

### 1.4.2.5　锅炉补给水质量

锅炉补给水的质量，以能保证给水质量为前提，可参照表 1-18 控制。

**表 1-18　锅炉补给水质量**

| 锅炉过热蒸汽压力/MPa | 二氧化硅/μg·L⁻¹ | 除盐水箱进水电导率（25℃）/μS·cm⁻¹ | | 除盐水箱出口电导率(25℃)/μS·cm⁻¹ | TOCi①/μg·L⁻¹ |
|---|---|---|---|---|---|
| | | 标准值 | 期望值 | | |
| 5.9~12.6 | — | ≤0.20 | — | ≤0.40 | — |
| 12.7~18.3 | ≤20 | ≤0.20 | ≤0.10 | | ≤400 |
| >18.3 | ≤10 | ≤0.15 | ≤0.10 | | ≤200 |

①必要时监测。对于供热机组，补给水 TOCi 含量应满足给水 TOCi 含量合格。

### 1.4.2.6　减温水质量

锅炉蒸汽采用混合减温时，其减温水质量应保证减温后蒸汽中的钠、铜、铁和二氧化硅含量符合表 1-11 的规定。

### 1.4.2.7　疏水和生产回水质量

（1）疏水和生产回水的回收应保证给水质量符合表 1-12 的规定。

（2）有凝结水精除盐装置的机组，回收到凝汽器的疏水和生产回水的质量可按表 1-19 控制。

**表 1-19　回收到凝汽器的疏水和生产回水质量**

| 名称 | 硬度/μmol·L⁻¹ | | 铁/μg·L⁻¹ | TOCi/μg·L⁻¹ |
|---|---|---|---|---|
| | 标准值 | 期望值 | | |
| 疏水 | ≤2.5 | 约 0 | ≤100 | — |
| 生产回水 | ≤5.0 | ≤2.5 | ≤100 | ≤400 |

（3）回收至除氧器的热网疏水质量可热网补充水质量按表1-20控制。

**表1-20 回收至除氧器的热网疏水质量**

| 炉 型 | 锅炉过热蒸汽压力/MPa | 氢电导率（25℃）/μS·cm⁻¹ | 钠/mg·L⁻¹ | 二氧化硅/mg·L⁻¹ | 全铁/mg·L⁻¹ |
|---|---|---|---|---|---|
| 汽包锅炉 | 12.7~15.6 | ≤0.30 | — | — | ≤20 |
| | >15.6 | ≤0.30 | — | ≤20 | |
| 直流炉 | 5.9~18.3 | ≤0.20 | ≤5 | ≤15 | |
| | 超临界压力 | ≤0.20 | ≤2 | ≤10 | |

### 1.4.2.8 闭式循环冷却水质量

闭式循环冷却水的质量可参照表1-21控制。

**表1-21 闭式循环冷却水质量**

| 材质 | 电导率（25℃）/μS·cm⁻¹ | pH（25℃）值 |
|---|---|---|
| 全铁系统 | ≤30 | ≥9.5 |
| 含铜系统 | ≤20 | 8.0~9.2 |

### 1.4.2.9 热网补水质量

热网补水质量按表1-22控制。

**表1-22 热网补充水质量标准**

| 总硬度/μmol·L⁻¹ | 悬浮物/mg·L⁻¹ |
|---|---|
| <600 | <5 |

### 1.4.2.10 水内冷发电机冷却水质量

（1）空心铜导线的水内冷发电机的冷却水质量按表1-23和表1-24控制。

**表1-23 发电机定子空心铜导线冷却水质量**

| 溶氧量/μg·L⁻¹ | pH（25℃）值 | | 电导率（25℃）/μS·cm⁻¹ | 含铜量/μg·L⁻¹ | |
|---|---|---|---|---|---|
| | 标准值 | 期望值 | | 标准值 | 期望值 |
| — | 8.0~8.9 | 8.3~8.7 | ≤2.0 | ≤20 | ≤10 |
| ≤30 | 7.0~8.9 | — | | | |

（2）空心不锈钢导线的水内冷发电机的冷却应控制电导率小于1.5μS/cm。

### 1.4.2.11 停（备）用机组启动时的水汽质量

（1）锅炉启动时，并汽或汽轮机冲转前的蒸汽质量，可参照表1-25控制，并在机组并网后 8h 内达到表 1-11 的标准值。

**表 1-24　双水内冷发电机内冷却水质量**

| pH (25℃) 值 | | 电导率 (25℃) /μS·cm⁻¹ | 含铜量/μg·L⁻¹ | |
|---|---|---|---|---|
| 标准值 | 期望值 | | 标准值 | 期望值 |
| 7.0~9.0 | 8.3~8.7 | ≤5.0 | ≤40 | ≤20 |

**表 1-25　汽轮机冲转前的蒸汽质量**

| 炉型 | 锅炉过热蒸汽压力 /MPa | 氢电导率 (25℃) /μS·cm⁻¹ | 二氧化硅 /μg·L⁻¹ | 铁 /μg·L⁻¹ | 铜 /μg·L⁻¹ | 钠 /μg·L⁻¹ |
|---|---|---|---|---|---|---|
| 汽包炉 | 3.8~5.8 | ≤3.00 | ≤80 | — | — | ≤50 |
| | >5.8 | ≤1.00 | ≤60 | ≤50 | ≤15 | ≤20 |
| 直流炉 | — | ≤0.50 | ≤30 | ≤50 | ≤15 | ≤20 |

（2）给水质量。锅炉启动时，给水质量应符合表 1-26 规定，在热启动 2h 内，冷启动 8h 内应达到表 1-12 的标准值。

**表 1-26　锅炉启动时给水质量**

| 炉型 | 锅炉过热蒸汽压力 /MPa | 硬度/μmol·L⁻¹ | 氢电导率 (25℃) /μS·cm⁻¹ | 铁/μg·L⁻¹ | 二氧化硅/μg·L⁻¹ |
|---|---|---|---|---|---|
| 汽包炉 | 3.8~5.8 | ≤10.0 | — | ≤150 | — |
| | 5.9~12.6 | ≤5.0 | — | ≤100 | — |
| | >12.6 | ≤5.0 | ≤1.00 | ≤75 | ≤80 |
| 直流炉 | — | 约 0 | ≤0.50 | ≤50 | ≤30 |

（3）直流炉热态冲洗合格后，启动分离器中铁和二氧化硅含量均应小于 100μg/L。

（4）机组启动时，无凝结水精处理装置的机组，凝结水应排放至满足表1-26 给水水质标准方可回收。有凝结水精处理装置的机组，凝结水的回收质量应符合表 1-27 的规定，处理后的水质应满足给水要求。

**表 1-27　机组启动时凝结水回收标准**

| 凝结水处理形式 | 外观 | 硬度/μmol·L⁻¹ | 钠/μg·L⁻¹ | 铁/μg·L⁻¹ | 二氧化硅/μg·L⁻¹ | 铜/μg·L⁻¹ |
|---|---|---|---|---|---|---|
| 过滤 | 无色透明 | ≤5.0 | ≤30 | ≤500 | ≤80 | ≤30 |
| 精除盐 | 无色透明 | ≤5.0 | ≤80 | ≤1000 | ≤200 | ≤30 |
| 过滤+精除盐 | 无色透明 | ≤5.0 | ≤80 | ≤1000 | ≤200 | ≤30 |

（5）机组启动时，应监督疏水质量，疏水回收至除氧器时，应确保给水质量符合表 1-26 要求；有凝结水精处理装置的机组，疏水铁含量不大于 $1000\mu g/L$ 时，可回收至凝汽器。

### 1.4.2.12 水汽质量劣化时的处理

《火力发电机组及蒸汽动力设备水汽质量》（GB/T 12145—2016）规定了凝结水、锅炉给水、锅炉炉水水质异常时的处理。

（1）当水汽质量劣化时，应迅速检查取样的代表性及化验结果的准确性，并综合分析系统中水汽质量的变化，确认判断无误后，应按下列三级处理要求执行：

1）一级处理：有发生水汽系统腐蚀、结垢、积盐的可能性，应在 72h 内恢复至相应的标准值。

2）二级处理：正在发生水汽系统腐蚀、结垢、积盐，应在 24h 内恢复至相应的标准值。

3）三级处理：正在发生快速腐蚀、结垢、积盐，4h 内水质不好转，应停炉。

在每一级异常处理中，在规定的时间内不能恢复正常时，则应采取更高一级的处理方法。

（2）凝结水（凝结水泵出口）水质异常时的处理，应参照表 1-28 执行。

表 1-28　凝结水水质异常时的处理

| 项　目 | | 标准值 | 处理等级 | | |
|---|---|---|---|---|---|
| | | | 一级 | 二级 | 三级 |
| 氢电导率（25 ℃）/$\mu S \cdot cm^{-1}$ | 有精处理除盐 | ≤0.30[①] | >0.30[①] | — | — |
| | 无精处理除盐 | ≤0.30 | >0.30 | >0.40 | >0.65 |
| 钠[②]/$\mu g \cdot L^{-1}$ | 有精处理除盐 | ≤10 | >10 | — | — |
| | 无精处理除盐 | ≤5 | >5 | >10 | >20 |

①主蒸汽压力大于 18.3MPa 的直流炉，凝结水氢电导率标准值为不大于 $0.20\mu S/cm$，一级处理为大于 $0.20\mu S/cm$。

②用海水冷却的电厂，当凝结水中的含钠量大于 $400\mu g/L$ 时，应紧急停机。

（3）锅炉给水水质异常时的处理，应参照表 1-29 执行。

表 1-29　锅炉给水水质异常时的处理

| 项　目 | | 标准值 | 处理等级 | | |
|---|---|---|---|---|---|
| | | | 一级 | 二级 | 三级 |
| pH[①]（25℃）值 | 无铜给水系统[②] | 9.2~9.6 | <9.2 | — | — |
| | 有铜给水系统 | 8.8~9.3 | <8.8 或>9.3 | — | — |

续表1-29

| 项　目 | | 标准值 | 处理等级 | | |
|---|---|---|---|---|---|
| | | | 一级 | 二级 | 三级 |
| 氢电导率（25℃） /μS·cm⁻¹ | 无精处理除盐 | ≤0.30 | >0.30 | >0.40 | >0.65 |
| | 有精处理除盐 | ≤0.15 | >0.15 | >0.20 | >0.30 |
| 溶解氧/μg·L⁻¹ | 还原性全挥发处理 | ≤7 | >7 | >20 | — |

①直流炉给水 pH 值低于7.0，按三级处理。

②凝汽器管为铜管、其他换热器管均为钢管的机组，给水 pH 标准值为9.1~9.4，一级处理为 pH 小于9.1或大于9.4。采用加氧处理的机组（不包括采用中性加氧处理的机组），一级处理为 pH 小于8.5。

（4）锅炉炉水水质异常时的处理，应参照表1-30执行。当出现水质异常情况时，还应测定炉水中的氯离子、钠、电导率和碱度，查明原因，采取对策。

**表1-30　锅炉炉水水质异常时的处理**

| 锅炉过热蒸汽压力 /MPa | 处理方式 | pH（25℃） 标准值 | pH 异常值及处理等级 | | |
|---|---|---|---|---|---|
| | | | 一级 | 二级 | 三级 |
| 3.8~5.8 | 炉水固体碱化剂处理 | 9.0~11.0 | <9.0 或>11.0 | — | — |
| 5.9~10.0 | | 9.0~10.5 | <9.0 或>10.5 | — | — |
| 10.1~12.6 | | 9.0~10.0 | <9.0 或>10.0 | <8.5 或>10.3 | — |
| >12.6 | 炉水固体碱化剂处理 | 9.0~9.7 | <9.0 或>9.7 | <8.5 或>10.0 | <8.0 或>10.3 |
| | 炉水全挥发处理 | 9.0~9.7 | <9.0 | <8.5 | <8.0 |

注：炉水 pH 值低于7.0，应紧急停机。

（5）《火力发电厂水汽化学监督导则》（DLT 561—2013）规定了发电机内冷却水水质异常时的处理（表1-31）。

**表1-31　发电机内冷却水水质异常时的处理**

| 项目 | 冷却方式 | 标准值 | 处理等级 | | |
|---|---|---|---|---|---|
| | | | 一级 | 二级 | 三级 |
| pH（25℃）值 | 定子冷却水 | 8.0~9.0① | <8.0 或<9.0 | — | — |
| | 双水内冷 | 7.0~9.0 | <7.0 或>9.0 | — | — |
| 氢电导率（25℃） /μS·cm⁻¹ | 定子冷却水 | 0.4~2.0 | <0.4 或>2.0 | >4.0 | — |
| | 双水内冷 | <5.0 | >5.0 | >10.0 | — |
| 含铜量/μg·L⁻¹ | 定子冷却水 | ≤20 | >20 | >40 | >80 |
| | 双水内冷 | ≤40 | >40 | >80 | >160 |

①当 pH 值控制在7.0~8.0时，应控制溶解氧小于30μg/L，否则按一级处理。

## 1.4.3 循环冷却水的水质标准

《工业循环冷却水处设计规范》（GB 50050—2017）规定：间冷开式系统循环冷却水水质指标应符合表 1-32 的规定，闭式系统循环冷却水水质指标应符合表 1-33 的规定，直冷系统循环冷却水水质指标应符合表 1-34 的规定，再生水用于间冷开式系统循环冷却水系统补充水的水质指标应符合表 1-35 的规定。

**表 1-32 间冷开式系统循环冷却水水质指标**

| 项目 | 单位 | 要求或使用条件 | 许用值 |
|---|---|---|---|
| 浊度 | NTU | 根据生产工艺要求确定 | ≤20.0 |
| | | 换热设备为板式、翅片管式、螺旋板式 | ≤10.0 |
| pH 值 | — | — | 6.8~9.5 |
| 钙硬度 + 全碱度（以 $CaCO_3$ 计） | mg/L | — | ≤1100 |
| | | 传热面水侧壁温大于 70℃ | 钙硬度小于 200 |
| 总 Fe | mg/L | — | ≤2.0 |
| $Cu^{2+}$ | mg/L | — | ≤0.1 |
| $Cl^-$ | mg/L | 水走管程：碳钢、不锈钢换热设备 | ≤1000 |
| | | 水走壳程：不锈钢换热设备，传热面水侧壁温不大于 70℃，冷却水出水温度小于 45℃ | ≤700 |
| $SO_4^{2-} + Cl^-$ | mg/L | — | ≤2500 |
| 硅酸（以 $SiO_2$ 计） | mg/L | — | ≤175 |
| $Mg^{2+} \times SiO_2$（$Mg^{2+}$ 以 $CaCO_3$ 计） | — | pH（25℃）值 ≤8.5 | ≤50000 |
| 游离氯 | mg/L | 循环回水总管处 | 0.1~1.0 |
| $NH_3—N$ | mg/L | — | ≤10.0 |
| | | 铜合金设备 | ≤1.0 |
| 石油类 | mg/L | 非炼油企业 | ≤5.0 |
| | | 炼油企业 | ≤10.0 |
| COD | mg/L | — | ≤150 |

**表 1-33 闭式系统循环冷却水水质指标**

| 适用对象 | 水质指标 | | |
|---|---|---|---|
| | 项目 | 单位 | 许用值 |
| 钢铁厂闭式系统 | 总硬度（以 $CaCO_3$ 计） | mg/L | ≤20.0 |
| | 总铁 | mg/L | ≤2.0 |

续表 1-33

| 适用对象 | 水质指标 | | |
|---|---|---|---|
| | 项目 | 单位 | 许用值 |
| 火力发电厂发电机铜导线内冷水系统 | 电导率（25℃） | μS/cm | ≤2.0① |
| | pH（25℃）值 | — | 7.0~9.0 |
| | 含铜量 | μg/L | ≤20.0② |
| | 溶解氧 | μg/L | ≤30.0③ |
| 其他各行业闭式系统 | 总铁 | mg/L | ≤2.0 |

注：钢铁厂闭式系统的补充水宜为软化水，其余两系统宜为除盐水。

①火力发电厂双水内冷机组共用循环系统和转子冷却水系统的电导率（25℃）不应大于 5.0μS/cm。

②双水内冷机组内冷却水含铜量不应大于 40.0μg/L。

③仅对 pH 值小于 8.0 时进行控制。

**表 1-34    直冷系统循环冷却水水质指标**

| 项    目 | 单位 | 适  用  对  象 | 许用值 |
|---|---|---|---|
| pH 值 | — | 高炉煤气清洗水 | 6.5~8.5 |
| | | 合成氨厂造气洗涤水 | 7.5~8.5 |
| | | 炼钢真空处理、轧钢、轧钢层流水、轧钢除磷给水及连铸二次冷却水 | 7.0~9.0 |
| | | 转炉煤气清洗水 | 9.0~12.0 |
| 悬浮物 | mg/L | 连铸二次冷却水及轧钢直接冷却水、挥发窑窑体表面清洗水 | ≤30 |
| | | 炼钢真空处理冷却水 | ≤50 |
| | | 高炉转炉煤气清洗水，合成氨厂造气洗涤水 | ≤100 |
| 碳酸盐硬度（以 CaCO₃ 计） | mg/L | 转炉煤气清洗水 | ≤100 |
| | | 合成氨厂造气洗涤水 | ≤200 |
| | | 连铸二次冷却水 | ≤400 |
| | | 炼钢真空处理、轧钢、轧钢层流水及轧钢除磷给水 | ≤500 |
| Cl⁻ | mg/L | 轧钢层流水 | ≤300 |
| | | 轧钢、轧钢除磷给水及连铸二次冷却水、挥发窑窑体表面清洗水 | ≤500 |
| 油类 | mg/L | 轧钢层流水 | ≤5 |
| | | 轧钢、轧钢除磷给水及连铸二次冷却水 | ≤10 |

表 1-35　再生水用于间冷开式循环冷却水系统补充水的水质指标

| 序号 | 项　目 | 单位 | 水质控制指标 |
|---|---|---|---|
| 1 | pH 值（25℃）值 | — | 6.0~9.0 |
| 2 | 悬浮物 | mg/L | ≤10.0 |
| 3 | 浊度 | NTU | ≤5.0 |
| 4 | $BOD_5$ | mg/L | ≤10.0 |
| 5 | COD | mg/L | ≤60.0 |
| 6 | 铁 | mg/L | ≤0.5 |
| 7 | 锰 | mg/L | ≤0.2 |
| 8 | $Cl^-$ | mg/L | ≤250 |
| 9 | 钙硬度（以 $CaCO_3$ 计） | mg/L | ≤ 250 |
| 10 | 全碱度（以 $CaCO_3$ 计） | mg/L | ≤200 |
| 11 | $NH_3—N$ | mg/L | ≤5.0（换热器材质为铜合金时，≤1.0） |
| 12 | 总磷（以 P 计） | mg/L | ≤1.0 |
| 13 | 溶解性总固体 | mg/L | ≤1000 |
| 14 | 游离氯（补水管道末端） | mg/L | 0.1~0.2 |
| 15 | 石油类 | mg/L | ≤5.0 |
| 16 | 细菌总数 | CFU/mL | <1000 |

# 1.5　电厂用水水质分析的意义

为了确保电厂的安全运行，在电厂锅炉运行过程中需对蒸汽、炉水、给水、汽机凝结水、发动机冷却水和循环冷却水进行分析监督。

## 1.5.1　蒸汽

蒸汽质量监督的目的是为了防止蒸汽品质劣化和避免蒸汽携带物在过热器中的沉积情况。监督项目主要是含钠量和含硅量。

（1）由于蒸汽中的盐类成分主要是钠盐，蒸汽含钠量在一定程度上反映了含盐量，所以含钠量是蒸汽监督指标之一，而且为随时掌握蒸汽品质的变化情况，还应投入在线检测仪表，进行连续在线监测。

（2）若蒸汽中的硅酸含量超标，则会在汽轮机内沉积难溶于水的二氧化硅，对汽轮机的安全运行有较大影响，故含硅量也是蒸汽品质的指标之一。

### 1.5.2　炉水

为了防止锅内结垢、腐蚀和产生蒸汽品质不良等问题，必须对锅炉水的水质进行监督。水质监测项目主要包括：

（1）磷酸根。天然水中一般不含有磷酸根，但为了消除锅炉给水带入汽锅的残留硬度，或为了防止汽锅内壁的腐蚀，可向炉内加入一定量的磷酸盐。但是锅炉水中的磷酸根浓度不能太高，过高会产生 $Mg_3(PO_4)_2$ 水垢，导致锅炉水溶解固形物增加。因此，磷酸根是锅炉水的一项控制指标。

（2）含盐量（含钠量）和含硅量。限制锅炉水中的含盐量（或含钠量）和含硅量是为了保证蒸汽品质。锅炉水的最大允许含盐量（或含钠量）和含硅量不仅与锅炉的参数、汽包内部装置的结构有关，而且还与运行工况有关，不能统一规定，每台锅炉都应通过热化学试验来决定。

（3）碱度。锅炉水的碱度太大时，可引起水冷壁的碱性腐蚀和应力腐蚀（在炉管热负荷较高的情况下，较易发生这种现象）。此外，还可能使锅炉水产生泡沫而影响蒸汽品质。所以，对软化水作补给水的锅炉，锅炉水的碱度也应当加以监督。对于铆接或胀接锅炉，为了防止苛性脆化，应监督锅炉水的相对碱度。

### 1.5.3　给水

严格控制锅炉给水的水质是为了防止热力系统设备的结垢、腐蚀和积盐，对锅炉安全、经济运行有着重要的意义。对锅炉给水水质进行严格监督的目的主要包括：

（1）防止结垢。如果进入锅炉的水质不符合标准，而又未及时正确处理，则经一段时间运行后，在和水接触的受热面上，会生成一层固体的附着物——水垢。由于水垢的导热性能较差，比金属要相差几百倍。因此，使得结垢部位温度过高，引起金属强度下降，局部变形，产生鼓泡，严重的还会引起爆裂事故，危及安全运行；结垢还会大大降低锅炉运行的经济性，如在省煤器中结有 1mm 厚水垢，燃料就多耗 1.5%~2.0%；由于结垢会使汽轮机凝汽器内真空度降低，从而使汽轮机的热效率和出力降低。严重时，甚至要被迫停产进行检修。因此，控制水质防止结垢十分重要。

（2）防止腐蚀。锅炉给水水质不良，会造成省煤器水冷壁、给水管道、各加热器、过热器以及汽轮机冷凝器等的腐蚀。腐蚀不仅缩短设备的使用寿命，造成经济损失，同时腐蚀产物又会转入水中污染水质，从而加剧了受热面上的结垢，结垢又促进了垢下腐蚀，造成腐蚀和结垢的恶性循环。

（3）防止积盐。锅炉给水中的超量杂质和盐分，会随蒸汽带出并沉积于过热器和汽轮机中，这种现象称为积盐。过热器的积盐会引起金属管壁过热，甚至爆裂；汽轮机内积盐会降低出力和效率，严重的会造成事故。

检测给水水质标准中各水质项目的意义如下：

（1）硬度。为了防止锅炉和给水系统中生成钙、镁水垢以及避免增加锅内磷酸盐处理的用药量和使锅炉水中产生过多的水渣，所以应监督给水硬度。

（2）油。给水中如果含有油，当油被带进锅内以后会产生以下危害：1）油质附着在炉管壁上并受热分解生成一种导热系数很小的附着物，会危及炉管的安全。2）会使锅炉水中生成漂浮的水渣和促进泡沫的形成，容易引起蒸汽品质的劣化。3）含油的细小水滴若被蒸汽携带到过热器中，会因生成附着物而导致过热器的过热损坏。因此，对锅炉给水中的含油量必须予以监督。

（3）溶解氧。为了防止给水系统和锅炉省煤器等发生氧腐蚀，同时为了监督除氧器运行效果，所以应监督给水中的溶解氧。

（4）联氨。给水中加联氨时，应监督给水中的过剩联氨，以确保完全消除热力除氧后残留的溶解氧，并消除因发生给水泵不严密等异常情况时偶然漏入给水中的氧。

（5）总二氧化碳。给水中各种碳酸化合物的总含量称为总二氧化碳量。碳酸化合物随给水进入锅炉内后，全部分解而放出二氧化碳，这些二氧化碳会被蒸汽带出。蒸汽中二氧化碳较多时，即使进行水的加氨处理，热力系统中某些设备和管路仍会发生腐蚀，并导致铜、铁腐蚀产物的含量较大。为了避免发生上述不良后果，必须监督给水中总二氧化碳量。

（6）全铁和全铜。为了防止在锅炉中产生铁垢和铜垢，必须监督给水中的铁和铜的含量。给水中铜和铁的含量，还可以作为评价热力系统金属腐蚀情况的依据之一。

（7）含盐量（或含钠量）、含硅量及碱度。为了保证锅炉水的含盐量（或含钠量）、含硅量以及碱度不超过允许值，并使锅炉排污率不超过规定值，应监督给水的含盐量（或含钠量）、含硅量及碱度。

## 1.5.4　汽轮机凝结水

监督汽轮机凝结水水质标准中各项目的意义如下：

（1）硬度。冷却水漏入或渗入凝结水，使凝结水中含有钙、镁盐类。为了防止凝结水中的钙、镁盐量过大，导致给水硬度不合格，所以对凝结水的硬度应该进行监督。

（2）溶解氧。在凝汽器和凝结水泵的不严密处漏入空气，是凝结水中含有溶解氧的主要原因。凝结水含氧量较大时，会引起凝结水系统的腐蚀，还会使随凝结水进入给水的腐蚀产物增多，影响给水水质。所以应监督凝结水的溶解氧。

（3）电导率。对于汽轮机凝结水水质，除应测定上述标准中规定的指标外，为了能及时发现凝汽器的漏泄，还应测定凝结水的电导率。如发现电导率比正常测定值大得多时，就表明凝汽器发生了漏泄，所以各台机组都应安装连续测定凝结水电导率的装置。为了提高测定的灵敏度，通常将凝结水样品通过强酸氢离子交换柱后，用工业电导仪连续测定，即监测氢导。

### 1.5.5　疏水箱的疏水

锅炉及热力系统中有些疏水，先汇集在疏水箱中，然后定时送入锅炉中的给水系统。为了保证给水水质，这种疏水在送入给水系统以前，应监督其水质。按规定，疏水的含铁量应不大于 $100\mu g/L$，硬度应不大于 $5\mu mol/L$。若发现其水质不合格时，必须对进入此疏水箱的各路疏水分别取样，进行测定，找出不合格的水源。

### 1.5.6　返回凝结水

从热用户返回的凝结水，收集于返回水箱中。为了保证给水水质，应定时取样检查，监督此水箱中的水质，确认其水质符合规定后，方可送入锅炉的给水系统。按规定，返回水的含铁量应不大于 $100\mu g/L$，硬度应不大于 $5\mu mol/L$，含油量应不大于 $1mg/L$。当热电厂内设有返回凝结水的除油、除铁处理的设备时，返回水经处理后，应监督其水质，符合上述规定后，方可送入给水系统。

### 1.5.7　循环冷却水

水在循环冷却过程中，由于水分的蒸发，溶解盐类浓缩，二氧化碳的逸出，外界污染物的进入等原因，会出现结垢、腐蚀及菌藻繁殖等现象，影响循环水系统的正常运行，甚至引起生产工艺上的失调。实际生产中为了避免上述现象的发生，必须对冷却水进行检测并采取相应的水质控制措施。

# 1.6　电厂用水水质分析

### 1.6.1　不同参数机组应配备的在线化学仪表

《火力发电厂水汽化学监督导则》（DLT 561—2013）规定电导率、氢电导率、溶解氧、pH值、钠、二氧化硅等水汽指标应采用在线化学仪表监测，在线化学仪表的配备不应低于表1-36所示的要求。

**表 1-36  不同参数机组应配备的在线化学仪表**

| 机组参数 /MPa | 仪 表 配 备 | | | | | | |
|---|---|---|---|---|---|---|---|
| | 补给水 | 凝结水 | 精处理出水 | 给水 | 炉水 | 主蒸汽 | 发电机内冷水 |
| >13.7 | 电导率表 | 电导率表 溶氧表 钠表 | 电导率表 钠表 | pH 表 溶氧表 电导率表 | pH 表 电导率表 | 钠表 硅表 电导率表 | 电导率表 pH 表 |
| 9.8~13.7 | 电导率表 | 电导率表 溶氧表 | 电导率表 | pH 表 溶氧表 电导率表 | pH 表 电导率表 | 电导率表 | |
| <9.8 | 电导率表 | 电导率表 溶氧表 | — | 溶氧表 | 自定 | 电导率表 | |

注：1. 凝结水、精处理混床母管出水、给水、主蒸汽的电导率表应加装氢型离子交换柱。

2. 凝结水精处理混床采用 H-OH 型运行方式时，其每台混床出口应配备电导率表。

3. 采用给水加氧处理时，除氧器入口、汽包炉的下降管和过热器应增加溶氧表。

4. 如采用海水冷却时，凝结水应装钠表。

5. 当炉水采用全挥发处理、氢氧化钠处理时，应增加氢电导率的测定。

6. 采用低磷处理工艺的锅炉宜配备在线磷表。

## 1.6.2 循环冷却水的检测项目

《工业循环冷却水处设计规范》（GB 50050—2017）规定了循环冷却水的常规检测项目及检测频率（表 1-37）。

**表 1-37  循环冷却水的常规检测项目及检测频率**

| 序号 | 项目 | 间冷开式系统 | 间冷闭式系统 | 直冷系统 |
|---|---|---|---|---|
| 1 | pH（25℃）值 | 每天一次 | 每天一次 | 每天一次 |
| 2 | 电导率 | 每天一次 | 每天一次 | 可抽检 |
| 3 | 浊度 | 每天一次 | 每天一次 | 每天一次 |
| 4 | 悬浮物 | 每月 1~2 次 | 不检测 | 每天一次 |
| 5 | 总硬度 | 每天一次 | 每天一次或抽检 | 每天一次 |
| 6 | 钙硬度 | 每天一次 | 每天一次或抽检 | 每天一次 |
| 7 | 全碱度 | 每天一次 | 每天一次或抽检 | 每天一次 |
| 8 | 氯离子 | 每天一次 | 每天一次或抽检 | 每天一次或抽检 |
| 9 | 总铁 | 每天一次 | 每天一次 | 不检测 |
| 10 | 异养菌总数 | 每周一次 | 每周一次 | 不检测 |
| 11 | 铜离子[①] | 每周一次 | 抽检 | 不检测 |

| 序号 | 项目 | 间冷开式系统 | 间冷闭式系统 | 直冷系统 |
|------|------|------|------|------|
| 12 | 油含量② | 可抽检 | 不检测 | 每天一次 |
| 13 | 药剂浓度 | 每天一次 | 每天一次 | 不检测 |
| 14 | 游离氯 | 每天一次 | 视药剂而定 | 可不测 |
| 15 | NH₃—N③ | 每周一次 | 抽检 | 不检测 |
| 16 | COD④ | 每周一次 | 不检测 | 不检测 |

①铜离子检测仅对含有铜材质的循环冷却水系统。

②油含量检测仅对炼钢轧钢装置的直冷系统；对炼油装置的间冷开式系统每天 1 次。

③$NH_3$—N 检测仅对有氨泄漏可能和使用再生水作为补充水的循环冷却水系统。

④COD 对炼钢轧钢装置的直冷系统为抽检，对炼油装置的间冷开式系统每天 1 次。

《工业循环冷却水处设计规范》（GB 50050—2017）规定了循环冷却水的非常规检测项目、检测时间、监测点及监测方法（表 1-38）。

**表 1-38　循环冷却水的非常规检测项目、检测时间、监测点及监测方法**

| 项目 | 间冷开式系统和闭式系统 | | 直冷系统 | | 监测方法 |
|------|------|------|------|------|------|
| | 检测时间 | 监测点 | 检测时间 | 监测点 | |
| 腐蚀率 | 月、季、年或在线 | — | — | 可不测 | 挂片法 |
| 污垢沉积量 | 大检修 | 典型设备 | 大检修 | 设备/管线 | 检测换热器检测管 |
| 生物黏泥量 | 故障诊断 | — | — | 可不测 | 生物滤网法 |
| 垢层或腐蚀产物成分 | 大检修 | 典型设备 | 大检修 | 设备/管线 | 化学/仪器分析 |

## 1.6.3　补充水水质分析项目与分析误差

补充水和循环冷却水的水质全分析宜每月 1 次。当补充水为再生水时，根据再生水的水源及处理工艺，对特定水质指标宜每周进行水质分析。《工业循环冷却水处设计规范》（GB 50050—2017）规定了补充水水质分析项目（表 1-39）。

**表 1-39　水质分析项目表**

水样（水源名称）：　　　　　　　　　　　　　　　外观：

取样地点：　　　　　　　　　　　　　　　　　　　水温：

取样日期：

| 分析项目 | 单位 | 数值 | 分析项目 | 单位 | 数值 |
|------|------|------|------|------|------|
| $K^+$ | mg/L | | $PO_4^{3-}$ | mg/L | |
| $Na^+$ | mg/L | | pH（25℃）值 | — | |

| 分析项目 | 单位 | 数值 | 分析项目 | 单位 | 数值 |
|---|---|---|---|---|---|
| $Ca^{2+}$ | mg/L | | 悬浮物 | mg/L | |
| $Mg^{2+}$ | mg/L | | 浊度 | mg/L | |
| $Cu^{2+}$ | mg/L | | 溶解氧 | mg/L | |
| $Fe^{2+}+Fe^{3+}$ | mg/L | | 游离 $CO_2$ | mg/L | |
| $Mn^{2+}$ | mg/L | | 氨氮（以 N 计） | mg/L | |
| $Al^{3+}$ | mg/L | | 石油类 | mg/L | |
| $NH_4^+$ | mg/L | | 溶解固体 | mg/L | |
| $SO_4^{2-}$ | mg/L | | COD | mg/L | |
| $CO_3^{2-}$ | mg/L | | 总硬度（以 $CaCO_3$ 计） | mg/L | |
| $HCO_3^-$ | mg/L | | 总碱度（以 $CaCO_3$ 计） | mg/L | |
| $OH^-$ | mg/L | | 碳酸盐硬度（以 $CaCO_3$ 计） | mg/L | |
| $Cl^-$ | mg/L | | 全硅（以 $SiO_2$ 计） | mg/L | |
| $NO_2^-$ | mg/L | | 总磷（以 P 计） | mg/L | |
| $NO_3^-$ | mg/L | | | | |

注：再生水作为补充水时，需增加 $BOD_5$ 项目。

《工业循环冷却水处设计规范》（GB 50050—2017）规定了补充水水质分析误差。

（1）分析误差 $|\delta| \leqslant 2\%$，$\delta$ 按下式计算：

$$\delta = \frac{\sum (C \cdot n_c) - \sum (A \cdot n_a)}{\sum (C \cdot n_c) + \sum (A \cdot n_a)} \times 100\%$$

式中　$C$——阳离子毫摩尔浓度，mmol/L；

　　　$A$——阴离子毫摩尔浓度，mmol/L；

　　　$n_c$——阳离子电荷数；

　　　$n_a$——阴离子电荷数。

（2）pH 值实测误差 $|\delta_{pH}| \leqslant 0.2$，$\delta_{pH}$ 按下式计算：

$$\delta_{pH} = pH - pH'$$

式中　pH——实测 pH 值；

　　　pH'——计算 pH 值。

对于 pH<8.3 的水质，pH' 按下式计算：

$$pH' = 6.35 + \lg[HCO_3^-] - \lg[CO_2]$$

式中　6.35——25℃水溶液中 $H_2CO_3$ 的一级电离常数的负对数；

　　　$[HCO_3^-]$——实测 $HCO_3^-$ 的毫摩尔浓度，mmol/L；

　　　$[CO_2]$——实测 $CO_2$ 的毫摩尔浓度，mmol/L。

# 水质分析一般原则

## 2.1　水质全分析总则

水质分析时，应做好分析前的准备工作。根据试验要求和测定项目，选择适当的分析方法，准备好分析仪器和化学试剂，再进行测定。测定时应注意下列事项：

（1）采集水样前，对盛水容器进行严格清洗：依次用洗涤剂洗涤一次，用自来水洗涤二次，用（1+3）硝酸荡洗一次，用自来水洗涤三次，用蒸馏水洗涤一次。

（2）开启水样瓶封口时，应先观察并记录水样颜色、透明程度、沉淀物的数量及其他特征。

（3）透明水样开瓶应先辨别气味，尽快测定 pH 值、氨、化学需氧量、碱度、亚硝酸盐、亚硫酸盐等易变项目。再测定全固体、溶解固体、悬浮物和二氧化硅、铁、铜、铝、钙、镁、硬度、硫酸盐、氯化物、磷酸盐、硝酸盐等项目。结合本校选定的水质分析指标和实践环节的时间，为连续两周的实际情况。可将本实践环节做以下安排：第一天，课堂讲授，主要讲述本课程的进度安排、实验方法及注意事项、实验数据处理方法、分析结果校核方法等；第二天，清洗盛水容器，准备第三天的实验器材；第三天，采集水样，分析 pH 值、电导率、浊度、碱度、游离二氧化碳和溶解氧；第四天分析化学需氧量；第五天分析钙离子和硬度；第六天分析钠离子、硫酸根和氯离子；第七天分析铁离子；第八天分析全硅、活性硅。

（4）浑浊水样应取两瓶水样，其中一瓶取上层澄清液测定 pH 值、残余氯、碱度、亚硝酸盐和亚硫酸盐等易变项目，过滤后测定碱度、氯化物等项目。将另一瓶浑浊的水样混匀后立即测定化学需氧量，并测定全固体、悬浮固体、溶解固体、二氧化硅、铁、氯、铜、钙、镁、pH 等项目。

（5）水质分析的结果必须进行校核，只有当误差符合规定要求时，才能出具水质分析的报告。当误差超过规定时，应查找原因后重新测定，直到符合要求。

# 2.2　实验数据的有效数字及其运算规则

在水质分析中，分析结果所表达的不仅仅是试样中待测组分的含量，同时还反映了测量的准确程度。因此，在实验数据的记录和结果的计算中，保留几位数字不是任意的，要根据测量仪器、分析方法的准确度来决定，这就涉及有效数字的概念。

## 2.2.1　有效数字

用来表示量的多少，同时反映测量准确程度的各数字称为有效数字。具体说来，有效数字就是指在分析工作中实际上能测量到的数字。

在实验中，任何一个物理量的测定，其准确度都是有一定限度的。例如，在使用分析天平称量同一试样的质量，甲得到 9.4234g，乙得到 9.4235g，丙得到 9.4236g，这些 5 位数字中，前 4 位数字都是很准确的，第 5 位数字称为可疑数字，但它并不是臆造的，所以记录数据时应保留它，这 5 位数字都是有效数字，对于可疑数字，除非特别说明，通常可理解它可能有±1 个单位的误差。

有效数字的位数，直接影响测定的相对误差。在测量准确度的范围内，有效数字位数越多，表明测量越准确，但超过了测量准确度的范围，过多的位数是没有意义的，而且是错误的。确定有效数字位数时应遵循以下几条原则。

（1）一个量值只保留一位不确定的数字，在记录测量值时必须记一位不确定的数字，且只能记一位。

（2）数字 0~9 都是有效数字，当 0 只是作为定小数点位置时不是有效数字。例如，1.0080 是五位有效数字，0.0035 则是两位有效数字。

（3）不能因为变换单位而改变有效数字的位数。例如，0.0216g 是三位有效数字，用毫克（mg）表示时应为 21.6mg，用微克（μg）表示时则应写成 $2.16 \times 10^4 \mu g$，但不能写成 21600μg，因为这样表示比较模糊，有效数字位数不确定。

（4）在水质分析计算中，常遇到倍数、分数关系。这些数据都是自然数而不是测量所得到的，因此它们的有效数字位数可以认为没有限制。

（5）在水质分析中还经常遇到 pH，$pM$，$lgK$ 等对数值，其有效数字位数取决于小数部分（尾数）数字的位数，因整数部分（首数）只代表该数的方次。例如，pH＝8.28，换算为 $H^+$ 浓度时，应为 $[H^+] = 5.2 \times 10^{-8} mol \cdot L^{-1}$，有效数字的位数是两位，不是三位。

## 2.2.2　有效数字的修约规则

在数据处理过程中，涉及的各测量值的有效数字位数可能不同，因此需要按下面所述的计算规则，确定各测量值的有效数字位数。各测量值的有效数字位数确定之后，就要将它后面多余的数字舍弃。修约的原则是既不因保留过多的位数使计算复杂，也不因舍掉任何位数使准确度受损。舍弃多余数字的过程称为"数字修约"，按照国家标准采用"四舍六入五成双"规则。

"四舍六入五成双"规则规定，当测量值中被修约的数字等于或小于4时，该数字舍去；等于或大于6时，则进位；等于5时，要看5前面的数字，若是奇数则进位，若是偶数则将5舍掉，即修约后末位数字都成为偶数；若5的后面还有不是"0"的任何数，则此时无论5的前面是奇数还是偶数，均应进位。根据这一规则，将下列测量值修约为四位有效数字时，结果应为：

$$0.36474 \Rightarrow 0.3647$$
$$0.36475 \Rightarrow 0.3648$$
$$0.36476 \Rightarrow 0.3648$$
$$0.36485 \Rightarrow 0.3648$$
$$0.364851 \Rightarrow 0.3649$$

修约数字时，只允许对原测量值一次修约到所要求的位数，不能分几次修约。例如将0.1649修约为两位有效数字，不能先修约为0.165，再修约为0.17，而应一次修约为0.16。

### 2.2.3  运算规则

不同位数的几个有效数字在进行运算时，所得结果应保留几位有效数字与运算的类型有关。

#### 2.2.3.1  加减法

几个数据相加或相减时，有效数字位数的保留，应以小数点后位数最少的数据为准，其他的数据均修约到这一位。其根据是小数点后位数最少的那个数的绝对误差最大。例如

$$0.0161 + 30.62 + 1.06274 = ?$$

由于每个数据中最后一位数有±1的绝对误差。即$0.0161 \pm 0.0001$，$30.62 \pm 0.01$，$1.06274 \pm 0.00001$，其中以小数点后位数最少的30.62的绝对误差最大，在加合的结果中总的绝对误差取决于该数，所以有效数字位数应以它为准，先修约再计算。

$$0.02 + 30.62 + 1.06 = 31.70$$

#### 2.2.3.2  乘除法

几个数据相乘除时，有效数字的位数应以几个数中有效数字最少的那个数据为准。其根据是有效数字位数最少的那个数的相对误差最大。例如

$$0.0161 \times 30.62 \times 1.06274 = ?$$

这三个数的相对误差分别为

$$\pm\frac{1}{161}\times100\%=\pm0.6\%$$

$$\pm\frac{1}{3062}\times100\%=\pm0.3\%$$

$$\pm\frac{1}{106274}\times100\%=\pm0.0009\%$$

因 0.0161 的相对误差最大，所以应以此数的位数为标准将其他各数均修约为三位有效数字，然后相乘。即

$$0.0161\times30.6\times1.06=0.522$$

在乘除法的运算中，经常会遇到 9 以上的大数，如 9.00，9.86 等。它们的相对误差的绝对值约为 0.1%，与 10.06 和 12.08 这些四位有效数字的数值的相对误差绝对值接近，所以通常将它们当作四位有效数字的数值处理。

在计算过程中，为提高计算结果的可靠性，可以暂时多保留一位数字，而在得到最后结果时，则应舍弃多余的数字，使最后计算结果恢复与准确度相适应的有效数字位数。现在由于普遍使用计算器运算，虽然在运算过程中不必对每一步的计算结果进行修约，但应注意根据其准确度要求，正确保留最后计算结果的有效数字位数。

在计算分析结果时，高含量（高于 10%）组分的测定，一般要求四位有效数字；含量为 1%~10% 的一般要求三位有效数字；含量小于 1% 的组分只要求两位有效数字。分析中的各类误差通常取 1~2 位有效数字。

## 2.3 标准曲线的绘制及分析结果的计算

标准曲线的绘制及分析结果的计算一般需利用 Microsoft Office Excel 软件，以下以分光光度法测定水样硫酸盐含量的一组实验数据为例，详细阐述如何利用 Microsoft Office Excel 软件进行数据处理。

分光光度法测定水样硫酸盐含量实验数据如表 2-1。

**表 2-1 分光光度法测定水样硫酸盐含量实验数据**

| | 标准系列 | | | | | 水样 |
|---|---|---|---|---|---|---|
| 浓度/mg·L$^{-1}$ | 0 | 5 | 15 | 25 | 35 | — |
| 吸光度 A | 0.017 | 0.053 | 0.163 | 0.283 | 0.393 | 0.085 |

第一步：打开 Excel 软件，输入标准系列实验数据，如图 2-1 所示。

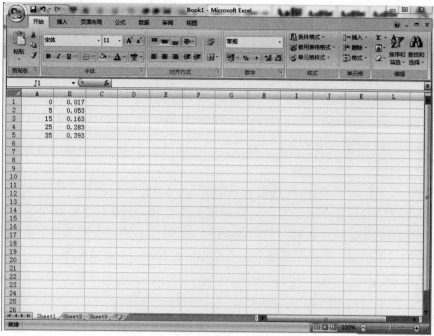

图 2-1  在打开的 Excel 输入数据

第二步：单击鼠标左键，拖动鼠标，选中所输入数据，如图 2-2 所示。

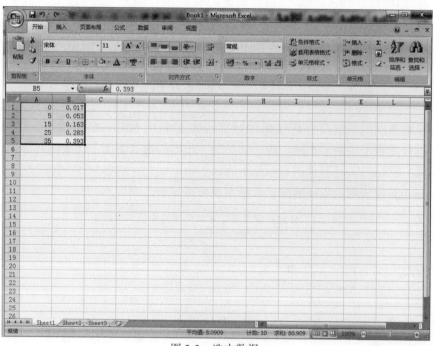

图 2-2  选中数据

第三步：按"插入"，如图 2-3 所示。

图 2-3　点击"插入"下拉菜单

第四步：选择"散点图"中的第一个图形，如图 2-4 及图 2-5 所示。

图 2-4　"散点图"选项

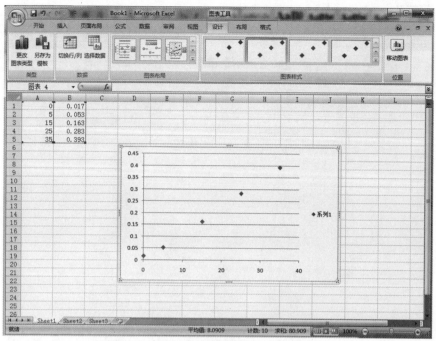

图 2-5　点选"散点图"第一个图形后界面

第五步：单击鼠标右键，如图 2-6 所示。

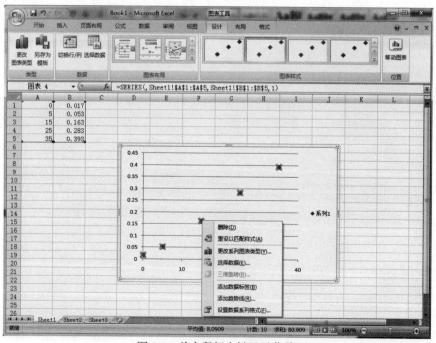

图 2-6　单击鼠标右键显示菜单

第六步：选择"添加趋势线"，出现"设置趋势线"格式，如图 2-7 所示。在"趋势线选项"的"回归分析类型"选中"线性"，再选中"显示公式"和"显示 R 平方值"，最后按"关闭"，界面见图 2-8。

图 2-7 选择"添加趋势线"后出现"设置趋势线格式"窗口

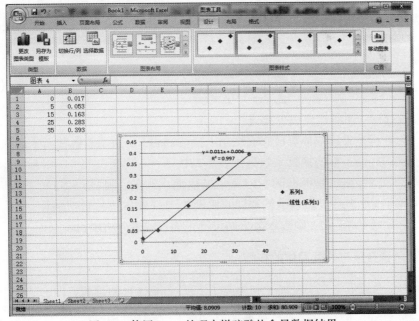

图 2-8 使用 Excel 处理水样硫酸盐含量数据结果

得公式和 $R$ 平方值：$y = 0.011x + 0.006 (R^2 = 0.997)$。

将水样吸光度 $y = 0.085$，代入上式得，$x = 7.18 \text{mg/L}$。

即此水样硫酸盐含量为 7.18mg/L。

# 2.4　水质全分析结果的校核

### 2.4.1　校核原理

水质全分析的结果应进行必要的校核。分析结果的校核分为数据检查和技术校核两方面。数据检查是为了保证数据不出差错；技术校核是根据分析结果中各成分的相互关系，检查是否符合水质组成的一般规律，从而判断分析结果是否准确。

### 2.4.2　阳离子和阴离子物质的量的总数的校核

根据物质电中性原则，水中正负电荷的总和相等。因此，水中各种阳离子和各种阴离子的物质的量的总数必然相等，即

$$\sum c_阳 = \sum c_阴 \tag{2-1}$$

式中　　$\sum c_阳$ ——各种阳离子物质的量浓度之和，mmol/L；

$\sum c_阴$ ——各种阴离子物质的量浓度之和，mmol/L。

当水样中阴阳离子的总含量大于 5.00mmol/L 时，$\sum c_阳$ 与 $\sum c_阴$ 的差 $\delta$ 应小于 2%，即

$$\delta = \left| \frac{\sum c_阳 - \sum c_阴}{\sum c_阳 + \sum c_阴} \right| \times 100\% < 2\% \tag{2-2}$$

校核过程中还应注意以下几点：

（1）分析结果均应换算成以毫摩尔/升（mmol/L）表示。各种离子的浓度单位，mg/L 与 mmol/L 的换算系数列于表 2-2 中。

（2）如钠钾离子是根据阴、阳离子差值而求得的，则式（2-2）不能应用。钾的含量可根据多数天然水中钠和钾的比例 7∶1（摩尔比）近似估算。

（3）如果 $\delta$ 超过 2% 则表示分析结果不正确，或者分析项目不全面。

### 2.4.3　总含盐量与溶解固体的校核

水的总含盐量是水中阳离子和阴离子浓度（mg/L）的总和，即：

$$总含盐量 = \sum A_阳 + \sum A_阴 \tag{2-3}$$

### 表 2-2 mg/L 与 mmol/L 换算系数

| 离子名称<br>（基本单元） | 将 mmol/L 换算成 mg/L 的系数 | 将 mg/L 换算成 mmol/L 的系数 | 离子名称<br>（基本单元） | 将 mmol/L 换算成 mg/L 的系数 | 将 mg/L 换算成 mmol/L 的系数 |
|---|---|---|---|---|---|
| $Al^{3+}\left(\frac{1}{3}Al^{3+}\right)$ | 8.994 | 0.1112 | $CrO_4^{2-}\left(\frac{1}{2}CrO_4^{2-}\right)$ | 58.00 | 0.01724 |
| $Ba^{2+}\left(\frac{1}{2}Ba^{2+}\right)$ | 68.67 | 0.01456 | $F^-\ (F^-)$ | 19.00 | 0.05264 |
| $Ca^{2+}\left(\frac{1}{2}Ca^{2+}\right)$ | 20.04 | 0.04990 | $HCO_3^-\ (HCO_3^-)$ | 61.02 | 0.01639 |
| $Cu^{2+}\left(\frac{1}{2}Cu^{2+}\right)$ | 31.77 | 0.03147 | $Sr^{2+}\left(\frac{1}{2}Sr^{2+}\right)$ | 43.81 | 0.02283 |
| $Fe^{2+}\left(\frac{1}{2}Fe^{2+}\right)$ | 27.92 | 0.03581 | $Zn^{2+}(Zn^{2+})$ | 32.69 | 0.3059 |
| $Fe^{3+}\left(\frac{1}{3}Fe^{3+}\right)$ | 18.62 | 0.05372 | $Br^-\ (Br^-)$ | 79.90 | 0.01252 |
| $Cl^-\ (Cl^-)$ | 35.45 | 0.02821 | $Mn^{2+}\left(\frac{1}{2}Mn^{2+}\right)$ | 27.47 | 0.03640 |
| $CO_3^{2-}\left(\frac{1}{2}CO_3^{2-}\right)$ | 30.00 | 0.03333 | $Na^+\ (Na^+)$ | 22.99 | 0.04350 |
| $HSO_3^-(HSO_3^-)$ | 81.07 | 0.01233 | $NH_4^+(NH_4^+)$ | 18.04 | 0.05544 |
| $HSO_4^-(HSO_4^-)$ | 97.07 | 0.01030 | $NO_3^-(NO_3^-)$ | 62.00 | 0.01613 |
| $I^-\ (I^-)$ | 126.9 | 0.007880 | $OH^-\ (OH^-)$ | 17.01 | 0.05880 |
| $NO_2^-(NO_2^-)$ | 46.01 | 0.02174 | $PO_4^{3-}\left(\frac{1}{3}PO_4^{3-}\right)$ | 31.66 | 0.03159 |
| $H_2PO_4^-$<br>$(H_2PO_4^-)$ | 96.99 | 0.01031 | $S^{2-}\left(\frac{1}{2}S^{2-}\right)$ | 16.03 | 0.06238 |
| $HS^-\ (HS^-)$ | 33.07 | 0.03024 | $SiO_3^{2-}\left(\frac{1}{2}SiO_3^{2-}\right)$ | 38.04 | 0.02629 |
| $H^+\ (H^+)$ | 1.008 | 0.9921 | $HSiO_3^-(HSiO_3^-)$ | 77.10 | 0.01298 |
| $K^+\ (K^+)$ | 39.10 | 0.02558 | $SO_3^{2-}\left(\frac{1}{2}SO_3^{2-}\right)$ | 40.03 | 0.02498 |
| $Li^+\ (Li^+)$ | 6.941 | 0.1441 | $SO_4^{2-}\left(\frac{1}{2}SO_4^{2-}\right)$ | 48.03 | 0.02082 |
| $Mg^{2+}(Mg^{2+})$ | 12.15 | 0.08229 | $HPO_4^{2-}\left(\frac{1}{2}HPO_4^{2-}\right)$ | 47.99 | 0.02084 |

注：由 $SiO_2$ 换算成 $SiO_3^{2-}$ 的系数为 1.266。

通常溶解固体（TDS）的含量可以代表水中的总含盐量。若测定溶解固体含量时有二氧化碳等气体损失，用溶解固体含量来检查总含盐量时，还需校正。

2.4.3.1　碳酸氢根浓度的校正

在溶解固体的测定过程中发生如下反应：

$$2\,HCO_3^- \longrightarrow CO_3^{2-} + CO_2\uparrow + H_2O\uparrow \tag{2-4}$$

由于 $HCO_3^-$ 变成 $CO_2$ 和 $H_2O$ 挥发损失掉，其损失量约为：

$$\frac{CO_2 + H_2O}{2\,HCO_3^-} = \frac{62}{122} \approx \frac{1}{2}$$

如忽略其他组分的影响，则

$$总含盐量 = TDS + \frac{1}{2}\left[HCO_3^-\right]$$

2.4.3.2　其他部分的校正

溶解固体除包括阳离子和阴离子浓度的总和外，还包括胶体硅酸等，因而需要校正。

$$RG = \left(SiO_2\right)_全 + \sum B_阳 + \sum B_阴 - \frac{1}{2}HCO_3^- \tag{2-5}$$

$$\left(RG\right)_校 = \left(RG\right) - \left(SiO_2\right)_全 + \frac{1}{2}HCO_3^- \tag{2-6}$$

式中　$\left(SiO_2\right)_全$——全硅含量（过滤水样），mg/L；

　　　$\sum B_阳$——阳离子浓度之和，mg/L；

　　　$\sum B_阴$——除活性硅外的阴离子浓度之和，mg/L；

　　　$\left(RG\right)_校$——校正后的溶解固体含量，mg/L。

由于在大部分天然水中，水溶性有机物的含量都很小，计算时可忽略不计。

使用式（2-6）校核分析结果时，溶解固体校正值 $\left(RG\right)_校$ 与阴阳离子总和之间的相对误差应不大于5%。

$$\left| \frac{\left(RG\right)_校 - \left(\sum B_阳 + \sum B_阴\right)}{\left(\sum B_阳 + \sum B_阴\right)} \right| \times 100\% \leqslant 5\% \tag{2-7}$$

对于含盐量小于100mg/L的水样，相对误差可放宽至10%。

## 2.4.4　校核 pH 值

对于 pH 值小于8.3的水样，由于存在下述化学反应

$$H_2CO_3 \Longrightarrow H^+ + HCO_3^- \tag{2-8}$$

$$\left[H_2CO_3\right] = \left[H_2CO_3\right] + \left[CO_2\right] \approx \left[CO_2\right] \tag{2-9}$$

$$H_2CO_3 \longrightarrow H^+ + HCO_3^- \tag{2-10}$$

$$K_1 = \frac{[H^+][HCO_3^-]}{[CO_2]} = 10^{-6.37} \tag{2-11}$$

故 pH 值可根据重碳酸盐和游离二氧化碳的含量，按式（2-11）计算

$$pH = pK_1 + \lg C_{HCO_3^-} - \lg C_{CO_2} \tag{2-12}$$

$$pH = 6.37 + \lg C_{HCO_3^-} - \lg C_{CO_2} \tag{2-13}$$

式中 $C_{HCO_3^-}$——重碳酸盐浓度，mol/L；

$C_{CO_2}$——游离 $CO_2$ 含量，mol/L.

按（2-13）式校核分析结果时，pH 值计算值与实测值的差应小于 0.2，即

$$|\delta| = |pH_{计} - pH_{测}| \leqslant 0.2 \tag{2-14}$$

# 2.5 课程报告书格式

课程报告书应包括目录、实验报告、实验结果汇总和结果校核 4 大部分。

## 2.5.1 目录

将所有的实验项目按实验时间的先后顺序，在目录中全部列出。

## 2.5.2 实验报告

### 2.5.2.1 实验报告格式

每个实验项目均按规定的实验报告格式完成实验报告。具体的实验报告格式及要点如下：

（1）实验项目。

（2）实验原理。要求：简单但要抓住要点，包括所依据的公式、反应方程式或工艺流程图。

（3）主要设备、仪器和材料（或试剂）。要求：给出仪器设备型号，试剂浓度及配制方法。

（4）实验步骤。要求：详细给出实验条件。

（5）实验流程。

（6）实验数据。要求：附上有实验老师签名的原始实验数据记录。

（7）数据处理与结果。要求：给出标准曲线，计算过程，实验数据的单位。

（8）结论。给出最后的计算结果和实验过程的注意事项，分析实验数据的可靠性。

### 2.5.2.2 实验报告模板

以下是以"硫酸盐的测定"为例的实验报告模板。

A　实验项目

硫酸盐的测定。

B　实验原理

在控制的试验条件下，硫酸根离子转化成硫酸钡悬浊物。加入含甘油和氯化钠的溶液来稳定悬浮物并消除干扰。使用分光光度计来测定此溶液浊度，根据测得吸光度查工作曲线，得出水样中硫酸根含量。

主要设备、仪器和材料（或试剂）包括：

（1）7200 型分光光度计。

（2）秒表。

（3）79HW-1 型磁力加热搅拌器。

（4）蒸馏水：GB/T 6682 规定的一级试剂水。

（5）氯化钡：将氯化钡晶体（$BaCl_2 \cdot 2H_2O$）平铺在表面皿上，在 105℃ 干燥 4h。筛分至 0.85~0.63mm（20~30 目），并贮存在干净并烘干的容器中。

（6）条件试剂：依次加入 300mL 蒸馏水，30mL 浓硫酸，100mL 的 95% 乙醇或异丙醇以及 75g 氯化钠，再加入 50mL 甘油并混合均匀。

（7）硫酸盐标准溶液（1mL 含 0.1000mg 的 $SO_4^{2-}$）：准确称取 0.1479g 在 110~130℃ 烘干 2h 的优级纯无水硫酸钠，用少量水溶解，定量转移至 1L 容量瓶并稀释至刻度。

C　实验步骤

a　工作曲线的绘制

（1）准确移取 0mL、2.00mL、5.00mL、10.00mL、20.00mL、30.00mL、40.00mL 硫酸根标准溶液至 100mL 容量瓶中，用蒸馏水稀释至刻度。此工作溶液硫酸根浓度分别为 0mg/L、2.00mg/L、5.00mg/L、10.00mg/L、20.00mg/L、30.00mg/L、40.00mg/L。

（2）将工作溶液分别转移至 250mL 烧杯中。

（3）加入 5.0mL 条件试剂，用搅拌仪器进行混合。

（4）当试液开始搅拌时，加入称取的 $BaCl_2$(0.3g)，立即开始计时。以磁力搅拌器恒速搅拌 1.0min（以秒表计时）。

（5）搅拌结束后立即将溶液倒入比色皿进行测定，在 3~10min 内，测定 420nm 处的吸光度并记录。

（6）以硫酸根离子浓度（mg/L）对吸光度绘制工作曲线或回归方程。

b　水样的测定

（1）准确移取 10.0mL 试样至 250mL 烧杯中，稀释至 100mL。

（2）按实验步骤 a 中（3）~（5）的步骤进行操作。

D　实验流程

实验流程如图 2-9 所示。

图 2-9　"硫酸盐的测定"实验流程框图

E　实验数据

附上有实验老师签名的原始实验数据记录，如表 2-3 所示。

表 2-3　分光光度法测定水样硫酸盐含量实验数据

| | 标准系列 | | | | | 水样（稀释 10 倍） |
|---|---|---|---|---|---|---|
| 浓度/mg·L$^{-1}$ | 0 | 5 | 15 | 25 | 35 | |
| 吸光度 $A$ | 0.017 | 0.053 | 0.163 | 0.283 | 0.393 | 0.085 |

F　数据处理与结果

根据实验数据，利用 Excel 软件作标准工作曲线，如图 2-10 所示。

图 2-10　用分光光度测定水样硫酸盐含量曲线图

得公式和 $R$ 平方值：$y = 0.011x + 0.006 (R^2 = 0.997)$。

将水样吸光度 $y = 0.085$，代入上式得，$x = 7.18$mg/L。

即此水样硫酸盐含量为 $7.18 \times 10 = 71.8$mg/L。

G　结论

此水样硫酸盐含量为 71.8mg/L，标准工作曲线 $R^2 = 0.997$。

实验过程中需特别注意：（1）应在加入 $BaCl_2$ 前开始搅拌，加入 $BaCl_2$ 后开始用秒表计时，以磁力搅拌器恒速搅拌 1.0min；（2）搅拌结束后应在 3~10min 内测定完毕；（3）测定水样和绘制工作曲线时的温差不能超过 10℃。

### 2.5.3　结果汇总

将每个实验项目的实验结果列于表 2-4。

**表 2-4　生水全分析实验结果汇总**

水样编号　　　　　　　　　　　　　　　　取样日期：　　　年　　月　　日

| 项　目 | 测试方法 (标准号或方法名称) | 主要仪器设备 | | 单位 | 测定结果 |
|---|---|---|---|---|---|
| | | 名　称 | 型　号 | | |
| pH | | | | | |
| 电导率 | | | | μS/cm | |
| 浊度 | | | | FNU | |
| 钠离子 | | | | mg/L | |
| 碱度 | | | | mmol/L | |
| 硬度 | | | | mmol/L | |
| 钙离子 | | | | mg/L | |
| 铁离子 | | | | mg/L | |
| 氯根 | | | | mg/L | |
| 硫酸盐 | | | | mg/L | |
| 全硅 | | | | mg/L | |
| 溶硅 | | | | mg/L | |
| 化学需氧量 | | | | mg/L | |
| 溶解氧 | | | | mg/L | |
| 游离二氧化碳 | | | | mg/L | |

### 2.5.4　结果校核

按本章 2.4 的方法，对水样的阳离子和阴离子物质的量总数、总含盐量与溶解固体、pH 值进行校核，依次分析实验结果的可靠性。

# 3 电厂用水水质分析方法

## 3.1 测定 pH 值

### 3.1.1 方法依据

电厂用水水质分析方法的依据为《工业循环冷却水及锅炉用水中 pH 值的测定》（GB/T 6904—2008）。

### 3.1.2 适用范围

本方法适用于工业循环冷却水、锅炉用水、天然水、污水、除盐水、锅炉给水以及纯水的 pH 值测定。

### 3.1.3 原理

水溶液的 pH 值通常是用酸度计进行测定的。以玻璃电极作指示电极，饱和甘汞电极作参比电极，两电极同时插入被测试液之中组成原电池：

（−）Ag，AgCl，HCl（0.1mol/L）｜玻璃膜｜试液‖KCl（饱和）｜$Hg_2Cl_2$，Hg（+）

|←————玻璃电极————→|　　|←————饱和甘汞电极————→|

在一定条件下，测得 25℃时电池的电动势

$$E = K' + 0.059\text{pH} \tag{3-1}$$

由测得的电动势就能算出溶液的 pH 值。但因上式中的 $K'$ 值是由内、外参比电极的电位及难于计算的不对称电位和液接电位所决定的常数，实际不易求得。因此在实际工作之中，在使用酸度计测定溶液的 pH 值时，首先必须用已知 pH 值的标准缓冲溶液来校正酸度计（也称"定位"），校正时应选用与被测溶液的 pH 值接近的标准缓冲溶液，以减少在测量过程中可能由于液接电位、不对称电位及温度等变化而引起的误差。一个电极系统应该用两种不同 pH 值的缓冲溶液校正。在用一种 pH 值的缓冲溶液定位后，测第二种缓冲溶液的 pH 值时，误差应在 0.05 之内。

应用校正后的酸度计，可直接测量水或其他溶液的 pH 值。

### 3.1.4　试剂和材料

无二氧化碳水：将水注入烧瓶中，煮沸 10min，立即用装有钠石灰管（碱石灰管）的胶塞塞紧，冷却。

本标准所用试剂和水，除非另有规定，应使用分析纯试剂和符合《分析实验室用水规格和试验方法》（GB/T 6682—2008）三级水的规定。

试验中所需标准溶液、制剂及制品，在没有特殊注明时，均按《化学制剂 试验方法中所用制剂及制品的制备》（GB/T 603—2002）的规定制备。

（1）草酸盐标准缓冲溶液：

$$c[\,KH_3(C_2O_4)_2 \cdot 2H_2O\,] = 0.05mol/L$$

称取 12.61g 草酸钾溶于无二氧化碳的水中，稀释至 1000mL。

（2）酒石酸盐标准缓冲溶液（饱和溶液）。在 25℃下，用无二氧化碳的水溶解过量的（约 75g/L）酒石酸氢钾并剧烈振摇以制备其饱和溶液。

（3）苯二甲酸盐标准缓冲溶液：

$$c(C_6H_4CO_2HCO_2K) = 0.05mol/L$$

称取 10.24g 预先于（110±5）℃干燥 1h 的苯二甲酸氢钾，溶于无二氧化碳的水中，稀释至 1000mL。

（4）磷酸盐标准缓冲溶液：

$$c(KH_2PO_4) = 0.025mol/L;\ c(Na_2HPO_4) = 0.025mol/L$$

称取 3.39g 磷酸二氢钾和 3.53g 磷酸氢二钠溶于无二氧化碳的水中，稀释至 1000mL。磷酸二氢钾和磷酸氢二钠需预先在（120±10）℃干燥 2h。

（5）硼酸盐标准缓冲溶液：

$$c(Na_2B_4O_7 \cdot 10H_2O) = 0.01mol/L$$

称取 3.80g 十水合四硼酸钠，溶于无二氧化碳的水中，稀释至 1000mL。

（6）氢氧化钙标准缓冲溶液：饱和溶液。在 25℃时，用无二氧化碳的水制备氢氧化钙的饱和溶液。存放时应防止空气中二氧化碳进入。一旦出现浑浊，应弃去重配。

不同温度时各标准缓冲液的 pH 值列于表 3-1。

表 3-1　不同温度时各标准缓冲溶液的 pH 值

| 温度 /℃ | pH 值 | | | | | |
|---|---|---|---|---|---|---|
| | 草酸盐标准缓冲溶液 | 苯二甲酸盐标准缓冲溶液 | 酒石酸盐标准缓冲溶液 | 磷酸盐标准缓冲溶液 | 硼酸盐标准缓冲溶液 | 氢氧化钙标准缓冲溶液 |
| 0 | 1.67 | 4.00 | — | 6.98 | 9.46 | 13.42 |
| 5 | 1.67 | 4.00 | — | 6.95 | 9.39 | 13.21 |

续表 3-1

| 温度 /℃ | pH 值 | | | | | |
|---|---|---|---|---|---|---|
| | 草酸盐标准缓冲溶液 | 苯二甲酸盐标准缓冲溶液 | 酒石酸盐标准缓冲溶液 | 磷酸盐标准缓冲溶液 | 硼酸盐标准缓冲溶液 | 氢氧化钙标准缓冲溶液 |
| 10 | 1.67 | 4.00 | — | 6.92 | 9.33 | 13.00 |
| 15 | 1.67 | 4.00 | — | 6.90 | 9.28 | 12.81 |
| 20 | 1.68 | 4.00 | — | 6.88 | 9.23 | 12.63 |
| 25 | 1.68 | 4.01 | 3.56 | 6.86 | 9.18 | 12.45 |
| 30 | 1.69 | 4.01 | 3.55 | 6.85 | 9.14 | 12.29 |
| 35 | 1.69 | 4.02 | 3.55 | 6.84 | 9.11 | 12.13 |
| 40 | 1.69 | 4.04 | 3.55 | 6.84 | 9.07 | 11.98 |

## 3.1.5 仪器设备

（1）酸度计（pHS-3C）：分度值为 0.02pH 单位。

（2）可充式复合电极（E-201-C）。测量完毕不用时，应将电极保护帽套上，帽内应有少量浓度为 3mol/L 的 KCl，以保持球泡的湿润。如果发现干枯，在使用前应在含 KCl 的 pH 值为 4.00 缓冲溶液中浸泡几小时，以降低电极的不对称电位，使电极达到最好的测量状态。

复合电极的外参比补充液为 3mol/L 氯化钾溶液，补充液时应从电极上端橡皮套包裹的小孔注入。

其中含 KCl 的 pH 值为 4.00 缓冲溶液的配制方法如下：取 pH 值为 4.00 缓冲剂（250mL）1 包，溶于 250mL 去离子水中，再加入 56g 分析纯 KCl，适当加热，搅拌至完全溶解。

3mol/L 氯化钾外参比补充液的配制方法如下：取 pH 计附件中内装氯化钾粉剂的小瓶一只，加入去离子水至 20mL 刻度处并摇匀。

## 3.1.6 操作步骤

（1）安装 pH 值复合电极：将 pH 值复合电极下端的电极保护套拔下，拉下电极上端的橡皮套使其露出上端小孔，用蒸馏水清洗电极。

（2）pH 计的校正：

1）打开电源开关，使仪器进入 pH 值测量状态；

2）用 pH 值广泛试纸粗测水样 pH 值，确定水样 pH 值范围；用分度值为 1℃ 的温度计测量水样的温度；

3）调节温度钮至当前溶液温度；

4）将清洗过的复合电极插入 pH 值为 6.86 的缓冲溶液中，调节定位钮，使仪器显示值与该标准溶液在当前温度下的 pH 值一致。

5）清洗电极，根据水样 pH 值的粗测值，将电极插入 pH 值为 9.18（或 pH 值为 4.00）的标准缓冲溶液中，调节斜率钮使仪器显示与该溶液在当前温度下的 pH 值一致。

（3）测量 pH 值：

1）用蒸馏水清洗电极头部，再用被测溶液清洗一次。

2）把电极浸入被测溶液中，用磁力搅拌器搅拌溶液，使溶液均匀，在显示屏上读出溶液的 pH 值。

### 3.1.7　操作流程

测定 pH 值的操作流程框图如图 3-1 所示。

图 3-1　测定 pH 值的操作流程

### 3.1.8　分析结果的表述

（1）报告被测试样温度时应精确到 1℃。

（2）报告被测试样的 pH 值时应精确到 0.1pH 单位。

### 3.1.9　允许差

取平行测定结果的算术平均值为测定结果。平行测定结果的绝对差值不大于 0.1pH 单位。

# 3.2 钠含量的测定（电位法）

## 3.2.1 方法依据

钠含量测定依据《工业循环冷却水和锅炉用水中钾、钠含量的测定》（GB/T 14640—2017）。

## 3.2.2 适用范围

本方法适用于各种工业用水、锅炉用水、原水及生活用水钠含量 0.01 ~ 100mg/L 的测定。

## 3.2.3 原理

当 pNa 电极与甘汞电极同时浸入水溶液后，即组成测量电池。

Ag，AgCl │ NaCl+KCl │ 玻璃膜 ‖ KCl（0.1mol/L）│ Hg，Hg$_2$Cl$_2$

其中 pNa 电极称为指示电极，其头部为特殊玻璃制成的薄膜；另一只电极作参比电极，常用内参比溶液为 0.1mol/L 的 KCl 甘汞电极。甘汞电极采用 0.1mol/L 的 KCl 内参比液，可以减少 K$^+$ 离子对 pNa 值的干扰。

在一定条件下，电池的电动势与溶液 pNa 值符合能斯特公式（25℃）：

$$E = K' + 0.059pNa \qquad\qquad (3-2)$$

由测得的电动势即可算出溶液的 pNa 值。

由于上式中的 $K'$ 值的不确定性，在实际工作中，首先必须用已知 pNa 值的标准溶液来校正 pNa 计（也称"定位"）。校正时应选用与被测溶液的 pNa 值接近的标准溶液，以减小在测量过程中可能由于液接电位、不对称电位及温度等变化而引起的误差。一个电极系统应该用两种不同的 pNa 值的溶液校正。在用一种 pNa 值的溶液定位后，测第二种溶液的 pNa 值时，误差应在 0.05 之内。应用校正后的 pNa 计，可直接测量水或其他溶液的 pNa 值。

测定水溶液中钠离子浓度时，应当特别注意氢离子以及钾离子的干扰。前者可以通过加入碱化剂，使被测溶液的 pH 值大于 10 来消除；后者必须严格控制 Na$^+$ 与 K$^+$ 离子之比大于 10∶1，否则对测定结果会带来误差。

## 3.2.4 试剂和材料

（1）蒸馏水：符合《分析实验室用水规格和试验方法》（GB/T 6682—2008）二级水规格。

（2）氯化钠标准溶液的配制：

1）pNa2 标准贮备液（$10^{-2}$ mol/L）：精确称取 1.1690g 经 250～350℃ 烘干 1～2h 的氯化钠基准试剂溶于蒸馏水中，然后转入 2L 的容量瓶中并稀释至刻度，摇匀。

2）pNa4 标准贮备液（$10^{-4}$ mol/L）：取 pNa2 贮备液，准确稀释 100 倍。

3）pNa5 标准贮备液（$10^{-5}$ mol/L）：取 pNa4 贮备液，准确稀释 10 倍。

4）碱化剂：分析纯二异丙胺。

### 3.2.5 仪器

（1）pNa 离子计：仪器精度应达±0.01pNa。

（2）钠离子选择性玻璃电极（以下简称 pNa 电极）：当使用无斜率校正功能的 pNa 离子计时，要求 pNa1 电极的实际斜率不低于理论斜率的 98%。

（3）甘汞电极：内充液为 0.1mol/L 氯化钾溶液（测微量钠离子时，宜采用专用低浓度参比电极填充液）。

（4）试剂瓶（聚乙烯塑料制品）

所用试剂瓶以及取样瓶都应用聚乙烯塑料制品，塑料容器用洗涤剂清洗后用 1：1 的热盐酸浸泡 12h，然后用蒸馏水冲洗干净后才能使用。各取样及定位用塑料容器都应专用，不宜更换不同浓度的定位溶液或互相混淆。

### 3.2.6 操作步骤

（1）仪器开启 30min 后，按仪器说明书进行校正。

（2）向试验中需使用的钠离子标准溶液、电极清洗用水和待测水样中滴加二异丙胺，进行碱化。调整 pH 值大于 10。

（3）根据被测水样中钠离子含量范围，选择浓度合适的钠离子标准溶液（一般常量钠离子测定宜选择 pNa4、pNa5 标准溶液，微量钠离子测定选择 pNa5、pNa6 标准溶液），按仪器操作说明书，先用浓度较低的标准溶液进行第一点定位，再用浓度较高的标准溶液进行第二点定位，定位完成后，再按步骤（4）进行水样测定。如以 pNa5 标准溶液进行第一点定位，将碱化后的 pNa5 标准溶液摇匀并冲洗电极和测试杯数次，然后倒入杯中至一定液位，将 pNa 电极和甘汞电极同时浸入该标准溶液进行定位，待仪器稳定后旋动斜率校正旋钮使仪器指示 pNa5±0.02，或者按定位键仪器自动校正；定位应重复核对一至两次，直至重复定位误差不超过 pNa5±0.02；取出电极，用纸巾轻轻吸去电极外部溶液；按上述定位步骤用 pNa4 标准溶液进行第二点定位。微量钠离子定位时，以 pNa6 标准溶液进行第一点定位；再以 pNa5 标准溶液进行第二点定位；定位完成后，再用 pN6 标准溶液复定位，误差不超过 pNa6±0.02。

（4）水样测定。用碱化后的水冲洗电极和测试杯。再以碱化后的被测水样冲洗电极和测试杯两次以上。最后重新取碱化后的被测水样，摇匀，将电极浸入被测水样中，摇匀，撤下仪表读数开关，待仪表指示稳定后，记录读数。若水样钠离子浓度大于 100mg/L，则用水稀释后滴加二异丙胺使 pH 值大于 10，然后进行测定。若测定微量钠离子，在测定水样前，应先用碱化后的 pNa6 标准溶液进行核验，指示不超过 pNa6±1 后，再进行水样测定。

（5）测定完毕。将电极清洗后，将 pNa 电极浸泡在碱化后的 pNa4 或相应的电极储存液中，应将电极头和液接界浸没。

### 3.2.7　操作流程

测定钠含量的操作流程如图 3-2 所示。

图 3-2　钠含量测定的操作流程

# 3.3　电导电极常数及电导率的测定

### 3.3.1　方法依据

测定方法依据的是《锅炉用水和冷却水分析方法：电导率的测定》（GB/T 6908—2018）和 DDS-11A 型电导率仪说明书。

### 3.3.2　适用范围

本方法适用于锅炉用水、冷却水、锅炉给水、除盐水中的电导率（25℃）

在 $0.055 \sim 10^6 \, \mu S/cm$ 的测定。该标准也适用于天然水及生活用水的电导率的测定。

### 3.3.3 原理

溶解于水的酸、碱、盐电解质，在溶液中解离成正、负离子，使电解质溶液具有导电能力，其导电能力的大小用电导率表示。

电解质溶液的电导率，通常使用两个金属片（即电极）插入溶液中测量两极间电阻率大小来确定，电导率是电阻率的倒数。根据欧姆定律，溶液的电导 $G$ 与电极的面积 $A$ 成正比，与两极间距离 $L$ 成反比，即

$$G = K \cdot \frac{1}{L/A} = K \cdot \frac{1}{\theta} \tag{3-3}$$

或
$$K = G \cdot \theta \tag{3-4}$$

式中，$K$ 称为电导率，它是指电极面积为 $1cm^2$、极间距离为 $1cm$ 时溶液的电导，其单位用 $S/cm$（或 $\mu S/cm$）表示。对同一溶液，用不同电极测出的电导值不同，但电导率是不变的。故在一定条件下，可用电导率来衡量水中溶解物质的含量。

为了降低极化作用所造成测量的附加误差，测量讯号采用交流电，此交流电由电感负载多谐振荡器产生，由转换开关电容而获得低周（约 $140Hz$）及高周（约 $1100Hz$）两个频率，分别作为低电导测量及高电导测量的信号源频率。

测量不同电导范围，选用不同电极。当溶液电导较高时（电导率等于或高于 $10\mu S/cm$），电解作用较显著，极化作用较大，为此，应选用铂黑电极，因为这样可以增大电极与溶液的接触面积，减少电流密度而避免极化作用，从而提高测量的灵敏度和准确度。但测量低电导时（电导率低于 $10\mu S/cm$），由于这时溶液中溶质本来很少，而铂黑电极可能从溶液中吸附部分溶质，造成电导值变化很大，从而引起不稳定现象，致使测定结果不准确，故应选用光亮铂电极。

### 3.3.4 仪器、设备

（1）电导率仪（DDS-11A 型），测量范围 $0.01 \sim 10^6 \mu S/cm$。

（2）电导电极（铂黑电极），简称电极，水样的电导率一般为 $100 \sim 100000\mu S/cm$，选择电导池常数为 $1.0 \sim 10$ 的电极。

（3）温度计，试验室测定时精度为 $\pm 0.1℃$，非实验室测定时精度为 $\pm 0.5℃$。

### 3.3.5 试剂和材料

（1）试剂和水，除非另有规定，应使用优级纯试剂和符合《分析实验室用水规格和试验方法》（GB/T 6682—2008）二级水的规定。

（2）$c(KCl) = 0.1mol/L$ 的氯化钾标准溶液：称取在 $105℃$ 干燥 $2h$ 的优级纯

氯化钾（或基准试剂）7.455g，用新制备的二级试剂水溶解后移入1000mL容量瓶中，在（20±2）℃下稀释至刻度，混匀。放入聚乙烯塑料瓶或硬质玻璃瓶中，密封保存。

（3）$c(KCl) = 0.01mol/L$ 的氯化钾标准溶液：称取在105℃干燥2h的优级纯氯化钾（或基准试剂）0.7455g，用新制备的二级试剂水溶解后移入1000mL容量瓶中，在（20±2）℃下稀释至刻度，混匀。放入聚乙烯塑料瓶或硬质玻璃瓶中，密封保存。

（4）$c(KCl) = 0.001mol/L$ 的氯化钾标准溶液：移取试剂（3）所述 $c(KCl) = 0.01mol/L$ 的氯化钾标准溶液100.00mL移至1000mL容量瓶中。用新制备的一级试剂水在（20±2）℃稀释至刻度，混匀。

（5）$c(KCl) = 1 \times 10^{-4}mol/L$ 的氯化钾标准溶液：在（20±2）℃移取试剂（4）所述 $c(KCl) = 0.001mol/L$ 的氯化钾标准溶液10.00mL移至1000mL容量瓶中，用新制备的一级试剂水稀释至刻度，混匀。

氯化钾标准溶液在不同温度下的电导率如表3-2所示。

表3-2　氯化钾标准溶液的电导率

| 溶液浓度/mol·L$^{-1}$ | 温度/℃ | 电导率/μS·cm$^{-1}$ |
| --- | --- | --- |
| 1 | 0 | 65176 |
| | 18 | 97838 |
| | 25 | 111342 |
| 0.1 | 0 | 7138 |
| | 18 | 11167 |
| | 25 | 12856 |
| 0.01 | 0 | 773.6 |
| | 18 | 1220.5 |
| | 25 | 1408.8 |
| 0.001 | 25 | 146.93 |
| $1 \times 10^{-4}$ | 25 | 14.89 |
| $1 \times 10^{-5}$ | 25 | 1.4985 |
| $1 \times 10^{-6}$ | 25 | $1.4985 \times 10^{-1}$ |

注：此表中的电导率已将氯化钾标准溶液配置时所用试剂水的电导率扣除。

### 3.3.6　操作步骤

将选择好的铂黑电极用二级试剂水洗净，再冲洗 2~3 次，浸泡备用。

3.3.6.1　采用温度补偿法

（1）将铂黑电极插入装有 0.01mol/L 的标准 KCl 溶液中。

（2）将温度钮调至 25℃，开关置"测量"挡，调"常数"钮，使仪器显示 KCl 标准溶液 25℃的电导率。

（3）将按钮置于"校准"挡，仪器读数即为此电极的电导池常数。

（4）测量时，取 50~100mL 水样，放入塑料杯或硬质玻璃杯中，将电极用被测水样冲洗 2~3 次后，浸入水样中进行电导率的测定。将按钮置于"测量"挡，仪器读数即为此溶液在 25℃下的电导率。

3.3.6.2　不采用温度补偿（基本法）

（1）将铂黑电极插入装有 0.01mol/L 的 KCl 溶液中。

（2）将温度钮调至 25℃，开关置"测量"挡，调"常数"钮，使仪器显示 KCl 标准溶液在当前温度下的电导率。例如 19℃时，0.01mol/L 的 KCl 电导率为 125μS/cm。

（3）将按钮置于"校准"挡，仪器读数即为此电极的电导池常数。

（4）测量时，取 50~100mL 水样，放入塑料杯或硬质玻璃杯中，将电极和温度计用被测水样冲洗 2~3 次后，浸入水样中进行电导率、温度的测定。将按钮置于"测量"挡，仪器读数即为此溶液在当前温度下的电导率，同时记录水样温度。利用式（3-5）可求出 25℃下的电导率。

$$S = \frac{S_t K}{1 - \beta(t - 25)} \tag{3-5}$$

式中　　$S$——换算成 25℃时水样的电导率，$\mu S/cm$；

　　　　$S_t$——水温 $t$ 时测得的电导，$\mu S$；

　　　　$K$——电导池常数，$cm^{-1}$；

　　　　$\beta$——温度校正系数（对于 pH 值为 5~9，电导率为 30~300$\mu S/cm$ 的天然水，$\beta$ 的近似值为 0.02）；

　　　　$t$——测定时水样温度，℃。

### 3.3.7　操作流程

电厂用水电导率测定操作流程如图 3-3 所示。

图 3-3 电导率测定操作流程

# 3.4 浊度的测定

## 3.4.1 分光光度法

### 3.4.1.1 方法依据

浊度测定的方法依据的是《锅炉用水和冷却水分析方法：浊度的测定（福

马肼浊度）》（GB/T 12151—2005）。

### 3.4.1.2　适用范围

本方法适用于锅炉用水和冷却水的浊度在 4～400FTU 的测定。

### 3.4.1.3　原理

本方法参考采用日本 JISK0101:1998，其原理是以福马肼悬浊液作标准，采用分光光度计比较被测水样和标准悬浊液的透过光的强度进行测定。

水样带有颜色可用 0.15μm 滤膜过滤器过滤，并以此溶液作为空白。

### 3.4.1.4　试剂与材料

（1）试剂纯度应符合《锅炉用水和冷却水分析方法　通则》（GB/T 6903—2005）有关规定。

（2）无浊度水：将二级试剂水以 3mL/min 流速经 0.15μm 滤膜过滤，弃去 200mL 初始滤液，使用时制备。

（3）福马肼浊度贮备标准液（400FTU）。

1）硫酸联氨溶液：称取 1.000g 硫酸联氨，用少量无浊度水溶解，移入 100mL 容量瓶中，并稀释至刻度。

2）六次甲基四胺溶液：称取 10.00g 六次甲基四胺，用少量无浊度水溶解，移入 100mL 容量瓶中，并稀释至刻度。

3）福马肼浊度贮备标准液：分别移取硫酸联氨溶液和六次甲基四胺溶液各 25mL，注入 500mL 容量瓶中，充分摇匀，在（25±3）℃下保温 24h 后，用无浊度水稀释至刻度。

### 3.4.1.5　仪器

（1）分光光度计：波长范围 360～910nm。

（2）滤膜过滤器：滤膜孔径为 0.15μm。

（3）容量瓶：100mL、500mL。

（4）移液管：5mL、10mL、25mL、50mL。

### 3.4.1.6　操作步骤

（1）工作曲线的绘制：

1）浊度为 40～400FTU 的工作曲线。按表 3-3 用移液管吸取浊度贮备标准液分别加入一组 100mL 容量瓶中，用无浊度水稀释至刻度，摇匀，放入 10mm 比色皿中，以无浊度水作参比，在波长为 660nm 处测定透光度，并绘制工作曲线。

表 3-3　浊度标准液配制（40～400FTU）

| 贮备标准液/mL | 0 | 10.00 | 15.00 | 20.00 | 25.00 | 50.00 | 75.00 | 100.00 |
|---|---|---|---|---|---|---|---|---|
| 相当水样浊度/FTU | 0 | 40 | 60 | 80 | 100 | 200 | 300 | 400 |

2) 浊度为 4~40FTU 的工作曲线。按表 3-4 用移液管吸取浊度贮备标准液分别加入一组 100mL 容量瓶中，用无浊度水稀释至刻度，摇匀，放入 50mm 比色皿中，以无浊度水作参比，在波长为 660nm 处测定透光度，并绘制工作曲线。

表 3-4　浊度标准液配制（4~40FTU）

| 贮备标准液/mL | 0 | 1.00 | 1.50 | 2.00 | 2.50 | 5.00 | 7.50 | 10.00 |
|---|---|---|---|---|---|---|---|---|
| 相当水样浊度/FTU | 0 | 4 | 6 | 8 | 10 | 20 | 30 | 40 |

（2）水样的测定：取充分摇匀的水样，直接注入比色皿中，用绘制工作曲线的相同条件测定透光度，从工作曲线上求其浊度。

#### 3.4.1.7　操作流程

分光光度法浊度测定的操作流程如图 3-4 所示。

图 3-4　分光光度法浊度测定的操作流程

### 3.4.2　浊度仪法

#### 3.4.2.1　方法依据

SZD-1 型浊度仪自校方法。

#### 3.4.2.2　适用范围

本方法适用于锅炉用水和冷却水 0~10NTU 浊度的测定。

#### 3.4.2.3　原理

SZD-1 型散射光浊度仪采用散射光测量原理，用福尔马肼标准浊度液可直接指示 NTU 浊度单位。当光源的光通过投射聚焦摄入测试管，水样中的悬浮颗粒将产生散射光，其规律一定条件下满足瑞利定律 $I_R = KNI_0$。

#### 3.4.2.4　试剂与材料

（1）试剂纯度应符合《锅炉用水和冷却水分析方法　通则》（GB/T 6903—2005）有关规定。

（2）无浊度水：将二级试剂水以 3mL/min 流速经 0.15μm 滤膜过滤，弃去 200mL 初始滤液，使用时制备。

（3）福马肼浊度贮备标准液（400FTU、400NTU）。

1）硫酸联氨溶液：称取 1.000g 硫酸联氨，用少量无浊度水溶解，移入 100mL 容量瓶中，并稀释至刻度。

2）六次甲基四胺溶液：称取 10.00g 六次甲基四胺，用少量无浊度水溶解，移入 100mL 容量瓶中，并稀释至刻度。

3）福马肼浊度贮备标准液：分别移取硫酸联氨溶液和六次甲基四胺溶液各 25mL，注入 500mL 容量瓶中，充分摇匀，在 （25±3）℃下保温 24h 后，用无浊度水稀释至刻度。

（4）10NTU 溶液：吸取 2.50mL 的 400NTU 溶液移至 100mL 容量瓶中，用无浊水稀释至刻度。

（5）5NTU 溶液：吸取 50mL 的 10NTU 溶液移至 100mL 容量瓶中，用无浊水稀释至刻度。

（6）1NTU 溶液：吸取 20.00mL 的 5NTU 溶液移至 100mL 容量瓶中，用无浊水稀释至刻度。

### 3.4.2.5　仪器

该方法使用的仪器为 SZD-1 型浊度仪。

### 3.4.2.6　操作步骤

（1）浊度仪自校：

1）打开电源开关，预热 20min，将量程开关旋至 10NTU 挡。

2）将无浊水加入测试管，放入检测池中，使测试管顶端"凸"起部分正对检测池边沿的"‖"，盖好盖，进行调零。

3）用 10NTU 的标准浊度液调节满位。

4）分别对 5NTU 与 1NTU 溶液进行检测，当测定结果分别满足 5.0±0.2 和 1.0±0.2 时，则视为仪器正常。

（2）水样的测定：将充分摇匀的水样加入测试管，放入检测池中，使测试管顶端"凸"起部分正对检测池边沿的"‖"，盖好盖，直接读数。

### 3.4.2.7　操作流程

浊度仪法测定浊度的操作流程如图 3-5 所示。

```
┌─────────────────────────────────────┐
│ 按3.4.2.6 分析步骤(1)对浊度仪进行自校    │
└─────────────────────────────────────┘
                  │
┌──────────────────────────────────────────────────────────────┐
│ 取充分摇匀的水样，置于测试管中，使测试管顶端"凸"起部分正对检测池边沿的"‖"，盖好盖，直接读数 │
└──────────────────────────────────────────────────────────────┘
```

图 3-5　浊度仪法测定浊度的操作流程

# 3.5 氯化物的测定

## 3.5.1 电极法

### 3.5.1.1 方法依据

电极法测定氯化物依据《火力发电厂水汽分析方法 第四部分：氯化物的测定（电极法）》（DL/T 502.4—2006）。

### 3.5.1.2 适用范围

本方法适用于锅炉用水和冷却水氯离子含量在 5～1000mg/L 的测定。

### 3.5.1.3 方法提要

在水样中加乙酸盐缓冲液，调节 pH 值至 5 左右，用氯离子选择性电极作为测量电极、甘汞电极为参比电极测定电位，定量测定氯离子。

### 3.5.1.4 干扰

在用电极法测定氯离子时，如果作为离子电极感应膜的硫化银和硫化物离子共存，会有干扰，所以要加乙酸锌，以去除硫化物离子。其他干扰物质的容许限度采用干扰物浓度/氯离子浓度，表示如下：

对于硝酸根、硫酸根、硫酸银：$\leqslant 10^4$；

对于碘离子、氰离子、硫离子：$\leqslant 10^{-3}$；

对于氟离子：$\leqslant 10^2$；

对于溴离子：$\leqslant 10^{-2}$。

### 3.5.1.5 试剂

（1）蒸馏水：应符合《分析实验室用水规格和试验方法》（GB/T 6682—2008）规定的一级试剂水。

（2）乙酸盐缓冲液（pH 值为 5）：在 500mL 蒸馏水中加入 100g 硝酸钾和 50mL 乙酸，溶解后向其中加氢氧化钠溶液（100g/L），使用 pH 计调节 pH 至 5，加蒸馏水至 1L，摇匀备用。

（3）1000mg/L 氯离子标准溶液：准确称取在 600℃灼烧 1h 的基准氯化钠 1.648g，用少量蒸馏水溶解后定量转移至 1000mL 容量瓶中，用蒸馏水稀释至刻度，摇匀备用。

（4）100mg/L 氯离子标准溶液：准确移取 20.00mL 氯离子标准液（1000mg/L）至 200mL 容量瓶中，加蒸馏水至刻度线，摇匀备用。

（5）10mg/L 氯离子标准溶液：准确移取 20.00mL 氯离子标准液（100mg/L）至 200mL 容量瓶中，加蒸馏水至刻度线。此溶液使用时配制。

（6）5mg/L 氯离子标准溶液：准确移取 10.00mL 氯离子标准液（100mg/L）至 200mL 容量瓶中，加蒸馏水至刻度线。此溶液使用时配制。

### 3.5.1.6　仪器

（1）电位差计或离子计。

（2）工作电极：氯离子电极。电极不用时可以干贮存，使用前须预先在试剂水中浸泡 2h 以上。

（3）参比电极：双盐桥甘汞电极，内筒液体使用氯化钾溶液（3mol/L 饱和），外筒液体使用硝酸钾溶液（100g/L）；或硫酸亚汞电极。

（4）内筒液体使用饱和氯化钾溶液时，由于液温的降低，会导致氯化钾的结晶析出，这样会使电阻增大。由于内筒的氯化钾溶液会混入外筒的硝酸钾溶液，因此，外筒液体要定期更换。

（5）电磁搅拌器：配有磁力搅拌子。

### 3.5.1.7　操作步骤

（1）标准曲线的绘制

1）取 5mg/L 氯离子标准溶液 50.00mL 移至 100mL 烧杯中，加乙酸盐缓冲液（pH 值为 5）5.0mL。在测定时用乙酸盐缓冲液（pH 值 5）调节 pH 值，其目的是使离子强度保持一致。

2）将工作电极和参比电极浸入溶液中，用电磁搅拌器搅拌，使气泡不接触电极。测量溶液温度，用电位差计或离子计测定电位。

3）分别移取 10mg/L、100mg/L、1000mg/L 氯离子标准溶液 50.00mL 移至 100mL 烧杯中，加乙酸盐缓冲液（pH 值为 5）5.0mL。将其温度调至与 2）测定液温相差±1℃。进行 2）的操作，测定氯离子标准液的电位。

4）以氯离子浓度的负对数对测得电位值进行直线回归，求得回归曲线。

观察 1：当氯离子浓度大于 5mg/L、液温 10～30℃时，氯离子电极的响应时间小于 1min。

观察 2：10mg/L 氯离子标准液和 1000mg/L 氯离子标准液的电位差（25℃）应在 110～120mV 的范围内。氯离子浓度在 5～1000mg/L 之间工作曲线为直线。

（2）水样的测定

1）取试样 50.00mL 于 100mL 烧杯中，加乙酸盐缓冲液（pH 值为 5）5.0mL，调节液温至与步骤（1），即标准曲线绘制的第 2）项测得液温相差±1℃。

2）进行步骤（1），即标准曲线绘制的第 2）项的操作，根据回归方程计算出试样中的氯离子浓度（mg/L）。

应注意：试样为酸性的情况下，用氢氧化钠溶液（40g/L），试样为碱性的情况下，用乙酸（1+10），预先调节试样 pH 值至 5 左右。另外，在试样中含有硫化物离子的情况下，预先加乙酸锌溶液 100g/L，固定硫化物离子，然后用滤纸过滤，将滤液调节 pH 值至 5。

观察：若使用离子计可直接读出试样中氯离子含量。

#### 3.5.1.8　操作流程

电极法测定氯化物的操作流程如图3-6所示。

图 3-6　电极法测定氯化物的操作流程

#### 3.5.1.9　结果的表述

氯离子含量 $X_{Cl}$(mg/L) 按式（3-6）计算：

$$X_{Cl} = 10^{-p_{Cl}} \tag{3-6}$$

式中　$X_{Cl}$——氯离子含量，mg/L；

　　　$p_{Cl}$——根据测得试样的电位值及回归方程求出。

### 3.5.2　摩尔法

#### 3.5.2.1　方法依据

摩尔法测定氯化物依据《工业循环冷却水和锅炉用水中氯离子的测定》（GB/T 15453—2018）。

#### 3.5.2.2　适用范围

本方法适用于天然水、循环冷却水、软化水、锅炉炉水中氯离子含量的测定，测定范围为 3~150mg/L，超过 150mg/L 时，可适当减少取样体积，稀释后测定。

#### 3.5.2.3　原理

本方法以铬酸钾为指示剂，在 pH 值为 5.0~9.5 的范围内用硝酸银标准溶液滴定。硝酸银与氯化物作用生成白色氯化银沉淀，当有过量硝酸银存在时，则与铬酸钾指示剂反应，生成砖红色铬酸银，从而指示终点。其反应式为：

$$Ag^+ + Cl^- \longrightarrow AgCl\downarrow（白色）$$

$$2Ag^+ + CrO_4^{2-} \longrightarrow Ag_2CrO_4 \downarrow (砖红色)$$

#### 3.5.2.4 试剂和材料

本方法所用试剂，除非另有规定，应使用分析纯试剂和符合《分析实验室用水规格和试验方法》（GB/T 6682—2008）中三级水的规定。

试验中所需标准溶液、制剂及制品，在没有注明其他要求时，均按《标准滴定溶液的制备》（GB/T 601—2016）、《化学试剂 试验方法中所用制剂及制品的制备》（GB/T 603—2002）之规定制备。

（1）硝酸银标准溶液：$c(AgNO_3)$ 约 0.01mol/L，按本书第4.5节所提供的方法配制和标定。

（2）铬酸钾指示剂：50g/L。

（3）1%酚酞指示剂（95%乙醇溶液）。

（4）0.05/L 硫酸溶液。

（5）0.1mol/L 氰化钠溶液。

#### 3.5.2.5 操作步骤

（1）用移液管准确吸取 100mL 蒸馏水置于 250mL 容量瓶中，调节水样 pH 值在6~9范围内；加入 2 滴酚酞指示剂，如果水样呈红色，用硫酸溶液滴定到红色刚好褪去；如果显示无色，先用氢氧化钠溶液滴定到刚好转变为红色，然后再用硫酸溶液滴定到红色刚好褪去。

（2）加入 1.0mL 铬酸钾指示剂，并不断摇动，最好在白色背景条件下用硝酸银标准溶液滴定至出现砖红色，注意终点颜色变化。

（3）移取 10.00mL 水样于 250mL 锥形瓶中，再加入 90.00mL 蒸馏水。

（4）加入 1.0mL 铬酸钾指示剂，并不断摇动，最好在白色背景条件下用硝酸银标准溶液滴定，参照空白终点颜色变化，直至出现砖红色为止。

#### 3.5.2.6 操作流程

摩尔法测定氯化物的操作流程如图3-7所示。

#### 3.5.2.7 结果计算

氯离子含量以质量浓度 $\rho_1$ 计，数值以 mg/L 表示，按式（3-7）计算：

$$\rho_1 = \frac{(V_1 - V_0)cM}{1000V} \times 10^6 \tag{3-7}$$

式中   $V_1$——水样消耗硝酸银标准溶液的体积，mL；

      $V_0$——空白试验消耗硝酸银标准溶液的体积，mL；

      $V$——水样体积，mL；

      $c$——硝酸银标准溶液浓度，mol/L；

      $M$——氯的摩尔质量，取 35.45g/mol。

图 3-7  摩尔法测定氯化物的操作流程

### 3.5.3  电位滴定法

#### 3.5.3.1  方法依据

电位滴定法测定氯化物的依据《工业循环冷却水和锅炉用水中氯离子的测定》（GB/T 15453—2018）。

#### 3.5.3.2  适用范围

本方法适用于天然水、循环冷却水、软化水、锅炉炉水中氯离子含量的测定，测定范围为 5~1000mg/L。

#### 3.5.3.3  原理

以双液型饱和甘汞电极为参比电极，以银电极为指示电极，用硝酸银标准溶液滴定至出现电位突跃点（即理论终点），即可从消耗的硝酸银标准溶液的体积算出氯离子含量。溴、碘、硫等离子存在干扰。

#### 3.5.3.4  试剂和材料

本方法所用试剂，除非另有规定，应使用分析纯试剂和符合《分析实验室用水规格和试验方法》（GB/T 6682—2008）中三级水的规定。

试验中所需标准溶液、制剂及制品，在没有注明其他要求时，均按《标准滴定溶液的制备》（GB/T 601—2016）、《化学试剂　试验方法中所用制剂及制品的制备》（GB/T 603—2002）之规定制备。

硝酸银标准溶液：$c(AgNO_3)$ 约 0.01mol/L，按本书第 4.5 节提供的方法配制。

### 3.5.3.5　仪器和设备

一般实验室用仪器和下列仪器。

（1）电位滴定计。

（2）双液型饱和甘汞电极。

（3）银电极。

### 3.5.3.6　操作步骤

移取 50.00mL 水样于 250mL 烧杯中。放入搅拌子，将盛有试样的烧杯置于电磁搅拌器，开动搅拌器，将电极插入烧杯中，用硝酸银标准溶液滴定至终点电位（在电位突跃点附近，应放慢滴定速度），同时做空白试验。

### 3.5.3.7　操作流程

电位滴定法测定氯化物的操作流程如图 3-8 所示。

图 3-8　电位滴定法测定氯化物的操作流程

### 3.5.3.8　结果计算

氯离子含量以质量浓度 $\rho_1$ 计，即以 mg/L 表示，按式（3-8）计算：

$$\rho_1 = \frac{(V_1 - V_0)cM}{1000V} \times 10^6 \tag{3-8}$$

式中　$V_1$——水样消耗硝酸银标准溶液的体积，mL；

$\quad\quad V_0$——空白试验消耗硝酸银标准溶液的体积，mL；

$\quad\quad V$——水样体积，mL；

$\quad\quad c$——硝酸银标准溶液浓度，mol/L；

$\quad\quad M$——氯的摩尔质量，取 35.45g/mol。

# 3.6 碱度的测定（指示剂滴定法）

## 3.6.1 方法依据

指示剂滴定法测定碱度依据《工业循环冷却水总碱及酚酞碱度的测定》（GB/T 15451—2006）。

## 3.6.2 适用范围

本方法适用于工业循环冷却水中碱度在 20mmol/L 范围内的测定，也适用于天然水和废水中碱度的测定。

## 3.6.3 方法概要

采用指示剂法或电位滴定法，用盐酸标准滴定溶液滴定水样。终点 pH 值为 8.3 时，可认为近似等于碳酸盐和二氧化碳的浓度并表示水样中存在的几乎所有的氢氧化物和二分之一的碳酸盐已被滴定。终点 pH 值为 4.5 时，可认为近似等于氢离子和碳酸氢根离子的等当点，可用于测定水样的总碱度。

## 3.6.4 试剂

（1）水应符合《分析实验室用水规格和试验方法》（GB/T 6682—2008）三级且不含二氧化碳。

（2）盐酸标准滴定溶液：$c(HCl)$ 约 0.1mol/L。在通风橱内将 3mL 浓盐酸稀释至 330mL 转入试剂瓶，摇匀，贴标签，按本书第 4.5 节提供的方法标定。

（3）盐酸标准滴定溶液：$c(HCl)$ 约 0.05mol/L。

（4）酚酞指示液：5g/L 乙醇溶液。称取 0.5g 酚酞，加 100mL 的 95%乙醇溶解，再以 0.05mol/L 的 NaOH 中和至稳定的微红色。

（5）溴甲酚绿-甲基红指示剂：

溶液 1：准确称取 0.1g 溴甲酚绿，溶于 95%乙醇，用 95%乙醇稀释至 100mL。

溶液 2：准确称取 0.2g 甲基红，溶于 95%乙醇，用 95%乙醇稀释至 100mL。

取 30mL 溶液 1、20mL 溶液 2，混匀。

## 3.6.5 仪器

（1）酸式滴定管：25mL。

（2）微量滴定管：10mL。

（3）锥形瓶：200mL 或 250mL。

（4）移液管：100mL。

### 3.6.6　操作步骤

（1）滴定到 pH 值为 8.3 的酚酞碱度的测定（复合碱度）。移取 100mL 试样于 250mL 锥形瓶中，并向其中加 2 滴酚酞指示剂，若无粉红色出现，则认为酚酞碱度为 0；若出现粉红色，用盐酸标准滴定溶液至粉红色消失。若碱度范围为 4～20mmol/L，使用 0.1mol/L 的盐酸标准滴定溶液；若碱度范围为 0.4～4mmol/L 则用 0.05mol/L 的盐酸标准滴定溶液。记录消耗的盐酸标准滴定溶液的体积。

保留溶液用于总碱的测定。

（2）总碱的测定。滴加 2 滴溴甲酚绿-甲基红指示剂于滴定至 pH 值为 8.3 的测定酚酞碱度的溶液中，用合适浓度的盐酸标准滴定溶液继续滴定至溶液颜色由蓝绿色变成暗红色，煮沸 2min 冷却后继续滴定至暗红色，即为终点。记录消耗的盐酸标准滴定溶液的总体积。

### 3.6.7　操作流程

指示剂滴定法测定碱度的操作流程如图 3-9 所示。

图 3-9　指示剂滴定法测定碱度的操作流程

### 3.6.8　分析结果的计算

（1）滴定 pH 值至 8.3 的酚酞碱度（复合碱度）。以 mmol/L 表示的酚酞碱度 $A_p$ 可按式（3-9）计算

$$A_p = \frac{V_1 c \times 1000}{V_0} \tag{3-9}$$

式中　$V_1$——滴定 pH 值至 8.3 时消耗盐酸标准滴定溶液的体积的数值，mL；

　　　$c$——盐酸标准滴定溶液的准确浓度的数值，mol/L；

　　　$V_0$——试样的体积的数值，mL。

（2）总碱度。以 mmol/L 表示的总碱度 $A_T$ 按式（3-10）计算：

$$A_T = \frac{V_2 c \times 1000}{V_0} \tag{3-10}$$

式中　$V_2$——滴定 pH 值至 4.5 时消耗盐酸标准滴定溶液的体积的数值，mL；

　　　$c$——盐酸标准滴定溶液的准确浓度的数值，mol/L；

　　　$V_0$——试样的体积的数值，mL。

# 3.7　硬度的测定

### 3.7.1　方法依据

硬度的测定依据《锅炉用水和冷却水分析方法：硬度的测定》（GB/T 6909—2018）。

### 3.7.2　适用范围

该方法适用于锅炉用水、冷却水、天然水、软化水、锅炉给水水样硬度的测定。使用铬黑 T 作指示剂，硬度测定范围为 0.01~5mmol/L，硬度超过 5mmol/L 时，可适当减少取样体积，稀释后测定。

### 3.7.3　方法提要

在 pH 值为 10.0±0.1 的水溶液中，用铬黑 T 作指示剂，以乙二胺四乙酸二钠盐（EDTA）标准溶液滴定至蓝色为终点。根据消耗 EDTA 的体积与 $Ca^{2+}$、$Mg^{2+}$ 离子反应的化学计量关系，即可算出硬度值。

对于硬度小于 1mmol/L 的水样，为提高终点指示的灵敏度，可在缓冲溶液中加入一定量的 EDTA 二钠镁盐。

铁含量大于 2mg/L、铝含量大于 2mg/L、铜含量大于 0.01mg/L、锰含量大于 0.1mg/L 都对测定有干扰，可在加指示剂前用 2mL 的 L-半胱氨酸盐酸盐溶液（10g/L）和 2mL 三乙醇胺溶液（1+4）进行联合掩蔽消除干扰。

### 3.7.4　试剂和材料

（1）盐酸溶液（1+1）。

（2）氢氧化钠溶液，50g/L。

（3）氨-氯化铵缓冲溶液。

称取 54g 氯化铵，溶于 500mL 水中，加入 350mL 浓氨水，加入 1g 的 EDTA 二钠镁盐（当仅测定硬度大于 1mmol/L 水样时，可不加 EDTA 二钠镁盐），并用蒸馏水稀释至 1L。配制后的缓冲溶液应按附录 2 进行调整，使加入的 EDTA 和 $Mg^{2+}$ 物质的量恰好相等。

注：1g 的 EDTA 二钠镁盐也可以用 0.944g 的 EDTA 二钠盐和 0.624g 的 $MgSO_4 \cdot 7H_2O$ 来代替。

（4）乙二胺四乙酸二钠标准溶液 Ⅰ：$c$（EDTA）约 0.05mol/L，按本书第 4.3 节所提供的方法配制和标定。

（5）乙二胺四乙酸二钠标准溶液 Ⅱ：$c$（EDTA）约 0.005mol/L，由乙二胺四乙酸二钠标准溶液 Ⅰ 准确稀释 10 倍，现用现配。

（6）铬黑 T 指示液：5g/L。称取 4.5g 盐酸羟胺，用 18mL 蒸馏水溶解，另在研钵中加 0.5g 铬黑 T（$C_{20}H_{12}O_7N_3SNa$）磨匀，混合后用 95% 乙醇定容至 100mL，贮存于棕色滴瓶中备用，使用期不应超过一个月。

### 3.7.5　操作步骤

（1）取 100.00mL 水样，于 250mL 锥形瓶中。如果水样浑浊，取前应用中速定量滤纸过滤。水样酸性或碱性很高时，可用氢氧化钠溶液或盐酸溶液中和后再加缓冲溶液。

（2）加 5mL 氨-氯化铵缓冲溶液，加 2~3 滴铬黑 T 指示剂。

（3）在不断摇动下，用乙二胺四乙酸二钠标准溶液 Ⅰ 进行滴定，接近终点时应缓慢滴定，溶液由红色突变为纯蓝色即为终点。水样硬度小于 1mmol/L 时，应采用乙二胺四乙酸二钠标准溶液 Ⅱ，或采用微量滴定管（器）。

（4）同时做空白实验。

### 3.7.6　操作流程

硬度测定的流程如图 3-10 所示。

图 3-10　硬度测定的流程

### 3.7.7　结果计算

硬度含量以浓度 $c_1$ 计，数值以 mmol/L 表示，按式（3-11）计算：

$$c_1 = \frac{(V_1 - V_0)c}{V} \times 1000 \qquad (3\text{-}11)$$

式中　$V_1$——滴定水样消耗 EDTA 标准溶液体积，mL；

$V_0$——滴定空白溶液消耗 EDTA 标准溶液体积，mL；

$c$——EDTA 标准溶液浓度，mol/L；

$V$——所取水样体积，mL。

# 3.8　钙 的 测 定

### 3.8.1　方法依据

钙测定依据《锅炉用水和冷却水分析方法：钙的测定（络合滴定法）》（GB/T 6910—2006）。

### 3.8.2　适用范围

本方法适用于锅炉用水和冷却水中钙含量 10～200mg/L 水样的测定。含钙量超出 200mg/L 水样应稀释后测定。

### 3.8.3　原理

在 pH 值为 12～14 时，以钙红为指示剂，EDTA 络合滴定水中的钙离子，终点颜色由酒红色变为纯蓝色。在此 pH 值的条件下镁形成氢氧化镁沉淀。Fe、Al、Zn 等与乙二胺四乙酸二钠盐（EDTA）发生配位反应的离子干扰测定；水样中乙二胺四甲叉膦酸（EDTMP）含量大于 10mg/L，六偏磷酸钠大于 6mg/L 时对测定均有干扰，建议采用原子吸收光度法测定。

### 3.8.4　试剂和蒸馏水

（1）试剂纯度应符合《锅炉用水和冷却水分析方法　通则》（GB/T 6903—2005）规定。

（2）蒸馏水应符合《分析实验室用水规格和试验方法》（GB/T 6682—2008）规定的二级试剂水要求。

（3）氢氧化钾溶液（20%）：称取 20g 氢氧化钾，溶于 80mL 蒸馏水中，贮存于塑料瓶中。

（4）EDTA 标准溶液 $c(C_{10}H_{14}N_2O_8Na_2 \cdot 2H_2O) = 0.0100\text{mol}/L$：称取 4.0g 的 EDTA 溶于 200mL 蒸馏水中，用蒸馏水稀释至 1L，贮存于塑料瓶中。标定方

法可参考本书第4.3节内容。

（5）钙红指示剂：称取0.1g钙红指示剂，加10g在105℃干燥2h的NaCl，研磨均匀。

### 3.8.5　操作步骤

用移液管准确吸取水样100.00mL于250mL锥形瓶中，加5mL的20%氢氧化钾溶液，用药匙尾部加入少量钙红指示剂，立即用EDTA标准溶液滴定至溶液由酒红色变为纯蓝色，整个滴定过程应在5min内完成，同时用蒸馏水做空白试验。

### 3.8.6　操作流程

钙测定的操作流程如图3-11所示。

图3-11　钙测定的操作流程

### 3.8.7　结果计算

水样中钙含量$X$（以$Ca^+$计）按式（3-12）计算：

$$X = \frac{m(V_2 - V_0) \times 40.08}{V_s} \times 1000 \qquad (3-12)$$

式中　$X$——水样中钙含量，mg/L；

　　　$m$——EDTA标准溶液浓度，mol/L；

　　　$V_2$——滴定水样时消耗EDTA标准溶液的体积，mL；

　　　$V_0$——滴定空白溶液时消耗EDTA标准溶液的体积，mL；

　　　$V_s$——移取水样的体积，mL；

　　40.08——钙的摩尔质量，g/mol。

## 3.9　全铁的测定

### 3.9.1　方法依据

全铁测定依据《锅炉用水和冷却水分析方法　铁的测定》（GB/T 14427—2008）。

### 3.9.2 适用范围

本方法适用于锅炉用水、冷却水、原水及工业废水中铁浓度为 $0.01\sim5mg/L$ 水样的测定。铁浓度高于 $5mg/L$ 时，可将样品适当稀释后再进行测定。

### 3.9.3 原理

（1）铁（Ⅱ）菲啰啉络合物在 pH 值为 $2.5\sim9$ 是稳定的，颜色的强度与铁（Ⅱ）存在量成正比。在铁浓度低于 $5.0mg/L$ 时，浓度与吸光度呈线性关系。最大吸光值在 $510nm$ 波长处。

（2）反应式：

### 3.9.4 试剂和材料

本方法所用试剂，除非另有规定，仅使用分析纯试剂。

试验中所需标准溶液、制剂及制品，在没有注明其他要求时，均按《化学试剂　杂质测定用标准溶液的制备》（GB/T 602—2002）、《化学试剂　试验方法中所用制剂及制品的制备》（GB/T 603—2002）之规定制备。

（1）蒸馏水，应符合《分析实验室用水规格和试验方法》（GB/T 6682—2008）规定的三级试剂水。

（2）硫酸溶液（1+3）。

（3）乙酸缓冲溶液：溶解 40g 乙酸铵（$CH_3COONH_4$）和 50mL 冰乙酸（$\rho = 1.06g/mL$）于蒸馏水中并稀释至 100mL。

（4）盐酸羟胺溶液（100g/L）：将 10g 盐酸羟胺溶于 100mL 蒸馏水中。

（5）1，10 菲啰啉溶液（5g/L）：溶解 0.5g 的 1，10-菲啰啉氯化物（一水合物，即 $C_{12}H_9ClN_2 \cdot H_2O$）于蒸馏水中并稀释至 100mL，或将 0.42g 的 1，10-菲啰啉（一水合物，即 $C_{12}H_8N_2 \cdot H_2O$）溶于含有 2 滴盐酸的 100mL 蒸馏水中，此溶液储存在暗处，可稳定放置一周。

（6）过硫酸钾溶液（40g/L）：溶解 4g 过硫酸钾（$K_2S_2O_8$）于蒸馏水中并稀释至 100mL，室温下储存于棕色瓶中。此溶液可稳定放置几个星期。

（7）铁标准贮备液（100mg/L）：称50.0mg铁丝（纯度99.99%），精确至0.1mg。置于100mL锥形瓶中，加20mL蒸馏水、5mL盐酸，缓慢加热使之溶解，冷却后定量转移到500mL容量瓶中，用蒸馏水稀释至刻度，摇匀，此溶液储存于耐蚀玻璃或塑料瓶中，可稳定放置至少一个月。

（8）铁标准溶液（1mg/L）：移取10.00mL铁标准贮备溶液于1L容量瓶中加入10mL的1mol/L盐酸溶液并稀释至刻度。

### 3.9.5　仪器

一般实验室用仪器及下列仪器：

（1）分光光度计：可在510nm处测定，棱镜型或光栅型。

（2）比色皿：光程10mm。

（3）锥形瓶：容量100mL。

### 3.9.6　操作步骤

#### 3.9.6.1　水样的测定

取50.00mL水样置于100mL锥形瓶中，加入0.5mL硫酸（1+3）。加5mL过硫酸钾溶液，微沸浓缩，使剩余体积为20~25mL。冷却后转移至50mL比色管中，定容至50mL。加1.00mL盐酸羟胺并充分混匀，加2.00mL乙酸缓冲溶液使pH值为3.5~5.5。加入2.00mL的1,10-菲啰啉溶液后，将其置于暗处15min。以空白溶液为参比，于510nm处测定吸光度。用50mL试剂水代替试样，按以上步骤做空白试验。

#### 3.9.6.2　校准曲线的绘制

按表3-5取一系列铁标准溶液于一系列50mL比色管中。加0.5mL硫酸溶液（1+3）于每一个比色管中，并用蒸馏水稀释至50mL。按水样的分析步骤测定标准系列的吸光度，并以铁离子质量浓度（mg/L）为横坐标，吸光度为纵坐标绘制校准曲线。

表3-5　铁标准溶液系列的配制

| 编号 | 0 | 1 | 2 | 3 | 4 | 5 |
|---|---|---|---|---|---|---|
| 取铁标准溶液体积数/mg·mL$^{-1}$ | 0 | 0.5 | 1.00 | 2.00 | 4.00 | 8.00 |

### 3.9.7　操作流程

全铁测定的操作流程如图3-12所示。

图 3-12 全铁测定的操作流程

### 3.9.8 结果计算

铁含量以质量浓度 $\rho$ 计，单位以 mg/L 表示，按式（3-13）计算：

$$\rho = f(A_1 - A_0) \tag{3-13}$$

式中 $f$——校正曲线的斜率；

$A_1$——试样的吸光度；

$A_0$——试剂空白的吸光度。

# 3.10 溶解氧的测定

### 3.10.1 方法依据

测定溶解氧依据《工业循环冷却水和锅炉用水中溶解氧的测定》（GB/T 12157—2007）。

### 3.10.2　适用范围

本方法适用于工业循环冷却水中溶解氧质量浓度（以 $O_2$ 计）为 0.2~8mg/L 的测定。

### 3.10.3　原理

溶解氧的测定采用锰盐-碘量法，其原理是：在碱性溶液中，二价锰离子被水中溶解氧氧化成三价或四价的锰，可将溶解氧固定，即

$$Mn^{2+} + 2OH^- \Longrightarrow Mn(OH)_2 \downarrow$$
$$2Mn(OH)_2 + O_2 \Longrightarrow 2H_2MnO_3 \downarrow$$
$$4Mn(OH)_2 + O_2 + 2H_2O \Longrightarrow 4Mn(OH)_3 \downarrow$$

然后酸化溶液，再加入碘化钾，三价或四价锰又被还原成二价锰离子，并生成与溶解氧相等物质的量的碘。

$$H_2MnO_3 + 4H^+ + 2I^- \Longrightarrow Mn^{2+} + I_2 + 3H_2O$$
$$2Mn(OH)_3 + 6H^+ + 2I^- \Longrightarrow I_2 + 6H_2O + 2Mn^{2+}$$

用硫代硫酸钠标准溶液滴定所产生的碘，便可求得水中的溶解氧。

### 3.10.4　试剂和材料

本方法所用试剂和蒸馏水，除非另有规定，仅使用分析纯试剂和符合《分析实验室用水规格和试验方法》（GB/T 6682—2008）三级水的规定。

试验中所需标准溶液、制剂及制品，在没有注明其他规定时，均按《标准滴定溶液的制备》（GB/T 601—2016）、《化学试剂　试验方法中所用制剂及制品的制备》（GB/T 603—2002）之规定制备。

（1）硫酸溶液（1+1）。

（2）硫酸锰溶液（340g/L）：称取 34g 硫酸锰，加 1mL 硫酸溶液（1+1），溶解后，用水稀释至 100mL。若溶液不澄清，则需过滤。

（3）碱性碘化钾混合液：称取 30g 氢氧化钠、20g 碘化钾溶于 100mL 水中，摇匀。

（4）硫代硫酸钠标准溶液：$c(Na_2S_2O_3) = 0.01mol/L$，按本书第 4.4 节所提供的方法配制后，稀释 10 倍。

（5）高锰酸钾溶液：$c\left(\dfrac{1}{5}KMnO_4\right) = 0.01mol/L$。

（6）淀粉指示剂（1%，m/V）：称取 1g 可溶性淀粉，加 5mL 蒸馏水使其成糊状，在搅拌下将糊状物加入 90mL 沸腾水中，再煮沸 1~2min，冷却，稀释至 100mL。使用期为两周。

### 3.10.5 仪器和设备

溶解氧瓶：测出具塞时所装水的体积。一瓶称之为 A，另一瓶为 B。体积为 200~500mL。

### 3.10.6 操作步骤

#### 3.10.6.1 取样

将洗净的取样瓶 A、B，用虹吸法同时将水样通过导管引入取样瓶 A 和取样瓶 B。并使水自然从 A、B 两瓶中溢出。

#### 3.10.6.2 固定氧和酸化

用一根细长移液管吸 1mL 的硫酸锰溶液。移液管插入瓶 A 的中部，加入硫酸锰溶液。然后再用同样的方法加入 5mL 碱性碘化钾混合液、2.00mL 高锰酸钾标准溶液，上下颠倒混合均匀，待沉淀物沉至底部，向瓶 A 中加入 5mL 硫酸溶液，塞紧瓶盖，颠倒摇匀。在瓶 B 中首先加入 5mL 硫酸溶液，然后在加入硫酸的同一位置再加入 1mL 的硫酸锰溶液、5mL 碱性碘化钾混合液、2.00mL 高锰酸钾标准溶液，不得有沉淀产生。否则，重新测试。塞紧瓶塞，上下颠倒摇匀。

#### 3.10.6.3 测定

将瓶 A 和瓶 B 中溶液分别倒入 2 只 600mL 锥形瓶中，用硫代硫酸钠标准溶液滴至淡黄色，加入 1mL 淀粉指示液继续滴定，溶液由蓝色变为无色，用被滴定溶液冲洗原瓶 A 和瓶 B，继续滴至无色为终点。

### 3.10.7 操作流程

测定溶解氧的操作流程如图 3-13 所示。

### 3.10.8 结果计算

水样中溶解氧的含量（$O_2$）以质量浓度 $\rho_1$ 计，数值以毫克每升（mg/L）表示，按式（3-14）计算：

$$\rho_1 = \left( \frac{V_1 c \times 8}{V_A - V'_A} - \frac{V_2 c \times 8}{V_B - V'_B} \right) \times 10^3 \qquad (3\text{-}14)$$

式中    $c$ ——硫代硫酸钠标准溶液的浓度，mol/L；

     $V_1$ ——滴定瓶 A 水样消耗的硫代硫酸钠标准溶液体积，mL；

     $V_A$ ——瓶 A 的容积，mL；

     $V'_A$ ——瓶 A 中所加硫酸锰溶液、碱性碘化钾混合液、硫酸溶液及高锰酸钾标准溶液的体积之和，mL；

$V_B$ ——瓶 B 的容积，mL；

$V_2$ ——滴定瓶 B 水样消耗的硫代硫酸钠标准溶液体积，mL；

$V'_B$ ——瓶 B 中所加硫酸锰溶液、碱性碘化钾混合液、硫酸溶液及高锰酸钾
标准溶液的体积之和，mL。

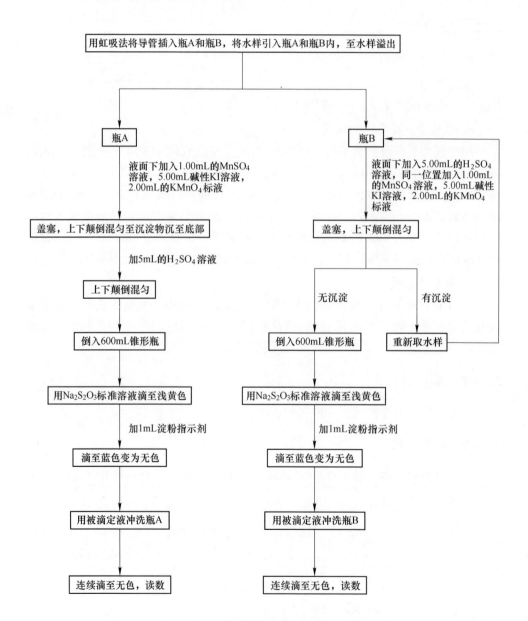

图 3-13　测定溶解氧的操作流程

# 3.11 化学需氧量的测定

## 3.11.1 重铬酸钾法（标准法）

### 3.11.1.1 方法依据

重铬酸钾法（标准法）测定化学需氧量依据《火力发电厂水汽分析方法 第23 部分：化学耗氧量的测定（重铬酸钾法)》（DL/T 502.23—2006）。

### 3.11.1.2 适用范围

本方法适用于锅炉用水和冷却水中化学需氧量的测量，测量范围为 5～50 mg/L，水样中氯离子含量应低于 2000mg/L。

### 3.11.1.3 方法提要

化学需氧量（$COD_{Cr}$）是指天然水中可被重铬酸钾氧化的有机物含量。本方法在氧化条件下，大部分有机物（80% 以上）被分解，但芳香烃环式氮化物等几乎不分解。COD 反映了水中有机物总含量的大小。

氯离子在此条件下亦被氧化而生成氯气，消耗一定量的重铬酸钾，因而干扰测定。

在酸性溶液中，重铬酸钾作氧化剂时与有机物的反应为：

$$2Cr_2O_7^{2-} + 16H^+ + 3C \longrightarrow 4Cr^{3+} + 8H_2O + 3CO_2 \uparrow$$

过量的重铬酸钾以试亚铁灵为指示剂，以亚铁盐（溶液）回滴：

$$Cr_2O_7^{2-} + 14H^+ + 6Fe^{2+} \longrightarrow 6Fe^{3+} + 2Cr^{3+} + 7H_2O$$

氯化物的干扰反应为：

$$Cr_2O_7^{2-} + 14H^+ + 6Cl^- \longrightarrow 3Cl_2 \uparrow + 2Cr^{3+} + 7H_2O$$

在测定过程中加 $HgSO_4$，消除氯离子的干扰，其反应式为：

$$Hg^{2+} + 4Cl^- \longrightarrow [HgCl_4]^{2-}$$

### 3.11.1.4 试剂

（1）无还原物质的水：高锰酸钾—硫酸重蒸馏的二次蒸馏水，本方法所用的水均为此二次蒸馏水，即在每升蒸馏水中加入 10mL 硫酸 $\left[ c\left(\frac{1}{2} H_2SO_4\right) = 4\text{moL/L} \right]$ 和少量高锰酸钾溶液 $\left[ c\left(\frac{1}{5} KMnO_4\right) = 0.1\text{mol/L} \right]$，放入玻璃容器中蒸馏，弃去开始的 100mL 馏出液。将所制备水放入具塞的玻璃瓶中贮存。

（2）硫酸银-硫酸溶液（1%，g/L）：称取 10g 硫酸银溶于 1L 浓硫酸中。完全溶解需要 1～2d（可以加热进行溶解）。

（3）硫酸汞。

（4）重铬酸钾标准溶液$\left[c\left(\dfrac{1}{6}K_2Cr_2O_7\right)=0.025mol/L\right]$：将重铬酸钾基准试剂于 $100\sim110℃$ 的烘箱中干燥 $3\sim4h$，取出放在干燥器中冷却至室温，准确称取 $1.2260g$ 重铬酸钾，用水溶解后定量移入 $1L$ 容量瓶中，用无还原物质的水稀释至刻度。

（5）邻菲啰啉亚铁指示剂：称取 $1.48g$ 邻菲啰啉（即 1，10-二氮杂菲）和 $0.70g$ 七水硫酸亚铁，用无还原物质的水溶解后定容至 $100mL$。

（6）硫酸亚铁铵标准溶液 $\left[c(Fe(NH_4)_2(SO_4)_2)=0.025mol/L\right]$：称取 $10g$ 六水硫酸亚铁铵，溶于 $500mL$ 无还原物质的水，加 $20mL$ 浓硫酸，冷却后定量移入 $1L$ 容量瓶中，稀释至刻度。此溶液每次使用时标定方法为：取重铬酸钾标准溶液 $20.00mL$（$V_0$）于 $250mL$ 三角瓶中，加水至 $100mL$，加浓硫酸 $30mL$。冷却后，加邻菲啰啉亚铁指示剂 $2\sim3$ 滴，用硫酸亚铁铵标准溶液滴定，溶液的颜色由蓝绿变成红褐色为终点，记录消耗体积为 $V_1$。根据式（3-15）计算硫酸亚铁铵标准溶液的浓度。

$$c=\frac{c_0\cdot V_0}{V_1}\qquad(3\text{-}15)$$

式中    $c$——硫酸亚铁铵标准溶液的浓度，mol/L；

       $c_0$——重铬酸钾标准溶液的浓度，mol/L；

       $V_0$——重铬酸钾标准溶液的体积，mL；

       $V_1$——滴定消耗硫酸亚铁铵标准溶液的体积，mL。

3.11.1.5   仪器

（1）回流冷却器：通用组合式冷却器或者球管冷却器（长 300mm）。

（2）磨口锥形瓶：与 $250\sim300mL$ 的回流冷却器组合。

（3）加热板或者支架式加热器。

3.11.1.6   操作步骤

（1）准确移取 $20.00mL$ 水样（体积为 $V_2$）放入预先放有 $0.4g$ 硫酸汞的 $250mL$ 磨口锥形瓶中，摇匀。

（2）加重铬酸钾标准溶液 $10.00mL$，摇匀后加硫酸银-硫酸溶液 $30mL$，边加入边搅拌，放入玻璃珠或沸石数个。

（3）连上回流冷却器，加热回流 $2h$（自沸腾开始计时）。

（4）冷却后，用 $100mL$ 无还原物质的水自冷凝管上端缓慢加入清洗回流冷却器，使洗液流入磨口锥形瓶。冷却至室温。

（5）加邻菲啰啉亚铁指示剂 $2\sim3$ 滴，过量的重铬酸钾用硫酸亚铁铵标准溶液滴定，溶液的颜色由蓝绿变成红褐色为终点。记录消耗硫酸亚铁铵标准溶液的

体积为 $V_3$。

（6）空白试验。另取无还原物质的水 20.00mL 代替水样，进行步骤（1）~ 步骤（5）的操作。记录空白试验消耗硫酸亚铁铵标准溶液的体积为 $V_4$。

操作过程应注意：

（1）试样中含悬浊物时要摇匀后尽快采样；

（2）加热 2h 后，剩余的量为所加重铬酸钾溶液的 1/2 左右；

（3）此法只能掩蔽氯离子 40mg，但氯离子浓度高的情况下（如海水），由于无法除去干扰物，所以不能使用本方法；

（4）由于本方法中使用汞化合物，所以应注意试验后废液的处理。

### 3.11.1.7 操作流程

重铬酸钾法（标准法）测定化学需氧量的操作流程如图 3-14 所示。

图 3-14　重铬酸钾法（标准法）测定化学需氧量的操作流程

### 3.11.1.8 结果的表述

水样中重铬酸钾法测定化学需氧量 $COD_{Cr}$ 的数值（以 O 计，mg/L）按式（3-16）计算：

$$COD_{Cr} = \frac{c(V_3 - V_4) \times 8}{V_2} \times 1000 \qquad (3-16)$$

式中　$COD_{Cr}$——重铬酸钾法测定化学需氧量（以 O 计），mg/L；

$c$——硫酸亚铁铵标准溶液的浓度，mol/L；

$V_3$——滴定消耗硫酸亚铁铵溶液体积，mL；

$V_4$——空白消耗硫酸亚铁铵溶液体积，mL；

$V_2$——水样体积，mL。

$8$——氧$\left(\dfrac{1}{2}O\right)$的摩尔质量，g/mol。

### 3.11.2　重铬酸钾法（快速法）

#### 3.11.2.1　方法依据

重铬酸钾法（快速法）测定化学需氧量依据《锅炉用水和冷却水分析方法：化学耗氧量的测定（重铬酸钾快速法)》（GB/T 14420—2014）。

#### 3.11.2.2　适用范围

本方法适用于天然水、炉水、除盐水以及工业循环冷却水等水样的化学需氧量的测定。化学需氧量（以氧计）的测定范围为 0～50mg/L，浓度大于 50mg/L 时应稀释后测定。

#### 3.11.2.3　方法概要

本方法基于在适当提高硫酸浓度的条件下，以提高重铬酸钾的氧化率和缩短回流时间，达到快速测定化学需氧量的目的。测定中加入适量硝酸银和硝酸铋，以消除氯离子的干扰。

#### 3.11.2.4　试剂

（1）硫酸银-硫酸溶液（1%，g/L）：称取 10g 硫酸银（$Ag_2SO_4$）加入 1L 硫酸（密度 1.84g/mL）中，放置 1～2d，贮存于棕色瓶中，使用前小心摇晃均匀。

（2）试亚铁灵指示剂：称取 1.48g 邻菲啰啉（1，10-二氮杂菲）和 0.70g 硫酸亚铁（$FeSO_4 \cdot 7H_2O$），溶于 200mL 二次蒸馏水，贮存于棕色瓶中。

（3）重铬酸钾标准溶液 $[c(1/6K_2Cr_2O_7)=0.0040mol/L]$：准确称取 1.177g 优级纯重铬酸钾（预先于 120℃±2℃ 干燥至恒温）溶于水，定量转移至 1L 容量瓶中，稀释至刻度，摇匀。

（4）硫酸亚铁铵溶液（0.012mol/L）：称取 4.70g 硫酸亚铁铵 $[FeSO_4 \cdot (NH_4)_2SO_4 \cdot 6H_2O]$ 溶于水，加 10mL 硫酸（密度 1.84g/mL），冷却后转移至 1L 容量瓶中，稀释至刻度，摇匀。此溶液在使用前按下法标定：用移液管吸取 5.00mL 重铬酸钾标准溶液（其制备见试剂（3））注入锥形瓶中，加入 45mL 二次蒸馏水稀释，再加 5mL 硫酸银-硫酸溶液（其制备见试剂（1））。充分冷却后加 1 滴试亚铁灵指示剂，用硫酸亚铁铵溶液滴定至颜色从黄绿色刚变至浅红色为终点。记下硫酸亚铁铵溶液消耗的体积 $a$(mL)。按式（3-17）计算硫酸亚铁铵

溶液的浓度 $c(\mathrm{mol/L})$：

$$c = 0.02400 \times 5.00/a \tag{3-17}$$

（5）硝酸银溶液（1g/L）：称取0.1g硝酸银，溶于水，稀释至100mL，贮存于棕色瓶中。

（6）硝酸铋溶液（10g/L）：称取1g硝酸铋［$\mathrm{Bi(NO_3)_3 \cdot 5H_2O}$］溶于100mL硫酸溶液（1+2）。

（7）水：符合《分析实验室用水规格和试验方法》（GB/T 6682—2008）中二级水的规定。

### 3.11.2.5 仪器

（1）球形冷凝器（长30~50cm）。

（2）锥形瓶（磨口，150mL或250mL）。

（3）电炉（600~800W）（或煤气灯）及石棉网。

（4）微量滴定管（10mL）。

（5）容量瓶（1000mL）。

（6）移液管（5mL、10mL）和吸液管（2mL）。

（7）秒表或计时器。

### 3.11.2.6 操作步骤

（1）用移液管吸取10.00mL水样置于回流的磨口锥形瓶中，加1mL硝酸银溶液，摇匀，再加1mL硝酸铋溶液，摇匀（当氯离子含量在500~3000mg/L时，应各加2mL）。

（2）用移液管加入5.00mL重铬酸钾标准溶液，再加入几颗碎瓷块或沸石（预先用硫酸和重铬酸钾煮沸，洗净），装上球形冷凝器和通入冷却水。

（3）缓慢加入20mL硫酸银-硫酸溶液，摇匀，从沸腾计时，原水、除盐水、锅炉水加热回流10min，循环冷却水加热回流40min。

（4）稍冷后从冷凝器顶端管口慢慢加入50mL二次蒸馏水洗涤管壁。取下锥形瓶置于冷水浴中冷却至室温。

（5）加1滴试亚铁灵指示剂，过剩的重铬酸钾用硫酸亚铁铵溶液滴定至颜色从黄绿色变至浅红棕色即为终点。同时做空白试验。

### 3.11.2.7 操作流程

重铬酸钾法（快速法）测定化学需氧量的操作流程如图3-15所示。

### 3.11.2.8 用重铬酸钾快速法测定的化学需氧量按式（3-18）计算：

$$\mathrm{COD_{Cr}} = (b-a) \times c \times \frac{32}{4} \times \frac{1000}{V} = (b-a) \times c \times 8000/V \tag{3-18}$$

式中　$\mathrm{COD_{Cr}}$——用重铬酸钾快速法测定的化学需氧量（以$\mathrm{O_2}$计），mg/L；

　　　$b$——空白试验消耗的硫酸亚铁铵溶液的体积，mL；

　　　$a$——滴定水样消耗的硫酸亚铁铵溶液的体积，mL；

　　　$c$——硫酸亚铁铵溶液的浓度（以 $Fe^{2+}$ 计），mol/L；

　　　32——1mmol 的 $O_2$ 质量，mg/mmol；

　　　$\dfrac{1}{4}$——1mmol 的 $Fe^{2+}$ 所需氧（$O_2$）的摩尔数；

　　　$V$——所取水样的体积，mL；

　　1000——将 1L 换算为 mL 数，mL/L。

图 3-15　重铬酸钾法（快速法）测定化学需氧量的操作流程

## 3.11.3　高锰酸钾法

### 3.11.3.1　方法依据

　　高锰酸钾法测定化学需氧量依据《火力发电厂水汽分析方法　第 22 部分：化学耗氧量的测定（高锰酸钾法）》（DL/T 502.22—2006）。

### 3.11.3.2 适用范围

本方法适用于锅炉用水和冷却水中化学需氧量的测定，其中的酸性法适用于氯离子含量小于 100mg/L 的水样；碱性法适用于氯离子含量大于 100mg/L 的水样。

### 3.11.3.3 方法提要

化学需氧量（$COD_{Mn}$）是指天然水中可被高锰酸钾氧化的有机物含量。在酸性（或碱性）条件下，高锰酸钾具有较高的氧化电位，因此它能将水溶液中某些有机物氧化，并以化学需氧量（或高锰酸钾的消耗量）来表示，以表征水中有机物总含量的大小。

### 3.11.3.4 试剂

（1）无还原物质的水：高锰酸钾—硫酸重蒸馏的二次蒸馏水，本方法所用的水均为此二次无还原物质的水，即在每升无还原物质的水中加入 10mL 硫酸 $\left[c\left(\dfrac{1}{2}H_2SO_4\right) = 4mol/L\right]$ 和少量高锰酸钾溶液 $\left[c\left(\dfrac{1}{5}KMnO_4\right) = 0.1mol/L\right]$，放入玻璃容器中蒸馏，弃去开始的 100mL 馏出液。将所制备水放入具塞的玻璃瓶中贮存。

（2）高锰酸钾标准溶液 $\left[c\left(\dfrac{1}{5}KMnO_4\right) = 0.01mol/L\right]$：配制及标定方法见本书第 4.6 节内容。

（3）草酸标准溶液 $\left[c\left(\dfrac{1}{2}H_2C_2O_4\right) = 0.01mol/L\right]$：准确称取于 $105 \sim 110℃$ 烘干至恒重的基准草酸钠（$Na_2C_2O_4$）0.6701g，用少量无还原物质的水溶解后定量移入 1L 容量瓶中，加入 200mL 无还原物质的水及 25mL 浓硫酸，并用无还原物质的水稀释至刻度，摇匀。然后移入棕色瓶中并于暗处贮存。

（4）硫酸（1+3）：配制此溶液时，利用稀释时的温热条件，用高锰酸钾溶液滴定至微红色。

（5）氢氧化钠溶液（100g/L）。

### 3.11.3.5 仪器

水浴锅：在开始加热到反应阶段，该水浴锅必须有足够的能力确保其中所有试样中溶液的温度很快达到 $96 \sim 98℃$。

### 3.11.3.6 操作步骤

A 酸性条件测定化学需氧量（适用于氯离子含量小于 100mg/L 的水样）

（1）准确移取 100.00mL 水样（体积为 $V$）注于 250mL 锥形瓶中。如水样需要过滤时，必须采用玻璃过滤器或古氏漏斗，不得使用滤纸。采用过滤后的水样进行测定的，则所得的结果为水样溶解性有机物的含量，并在报告中应注明水样经过滤。

（2）加入 10mL 硫酸溶液，摇匀。

（3）用滴定管准确加入 10.00mL 高锰酸钾标准溶液，在沸腾水浴锅内加热30min（水浴锅的水位一定要超过水样液面）。须注意：

1）若取样量为 50mL，$COD_{Mn}$ 为 10mg/L，它相当于将所加入的高锰酸钾消耗了 60%。在酸性溶液中测定化学需氧量 时，若水样在加热过程中出现棕色二氧化锰沉淀则应重新取样测定，并适当增加高锰酸钾标准溶液的加入量或减少取样量。

2）样品在试验过程中，高锰酸钾标准溶液的加入量、煮沸的时间和条件（包括升温的时间）以及滴定时的水样温度等条件，都应严格遵守上述规定。

（4）迅速加入 10.00mL 草酸标准溶液，此时溶液应褪色。若此时溶液不褪色，则应考虑草酸溶液是否失效或加入量不足。

（5）继续用高锰酸钾标准溶液滴定（滴定完溶液温度应不低于80℃）至微红色并保持 1min 不消失为止，记录高锰酸钾标准溶液消耗的体积为 $V_1$。

（6）另取 100mL 无还原物质的水与水样同时进行空白试验，记录空白试验高锰酸钾标准溶液消耗的体积为 $V_0$。当水样中氯化物含量较高时，则会产生氯离子的氧化反应而影响结果：

$$2KMnO_4 + 16H^+ + 16Cl^- \longrightarrow 2KCl + 2MnCl_2 + 5Cl_2 \uparrow + 8H_2O$$

因此，水样氯离子的含量超过 100mg/L 时，必须采用操作步骤 B，在碱性溶液中测定化学需氧量 。

B　在碱性溶液中测定化学需氧量（适用于氯离子大于 100mg/L 的水样）

（1）准确移取 100.00mL 水样（体积为 V）注于 250mL 锥形瓶中。

（2）加入 2mL 氢氧化钠溶液和 10.00mL 高锰酸钾标准溶液，在沸腾水浴锅内加热 30min（水浴锅的水位一定要超过水样液面）。在高锰酸钾在碱性溶液加热过程中，如产生棕色沉淀或溶液本身变为绿紫色，则都不需要重新进行试验。但在煮沸过程中如遇到溶液变成无色的情况，则需要减少水样的量，重新进行试验。

（3）迅速加入 10mL（1+3）硫酸溶液及 10.00mL 草酸标准溶液，此时溶液应褪色。

（4）继续用高锰酸钾标准溶液滴定（滴定完溶液温度应不低于80℃）至微红色，并保持 1min 不消失为止。记录高锰酸钾标准溶液消耗的体积为 $V_1$。

（5）另取 100.00mL 无还原物质的水进行空白试验，记录空白试验消耗高锰酸钾标准溶液的体积为 $V_0$。应注意，作空白测定的无还原物质的水，可用无污染的过热蒸汽代替，但不能用除盐水或高纯水。

### 3.11.3.7 操作流程

高锰酸钾法测定化学需氧量的操作流程如图 3-16 所示。

图 3-16 高锰酸钾法测定化学需氧量的操作流程

### 3.11.3.8 结果的表述

水样高锰酸钾化学需氧量 $COD_{Mn}$ 的数值（以 O 计，mg/L）按式 (3-19) 计算：

$$COD_{Mn} = \frac{c(V_1 - V_0) \times 8}{V} \times 1000 \qquad (3-19)$$

式中  $c$——高锰酸钾标准溶液的浓度，mol/L；

$V_0$——空白试验消耗的高锰酸钾标准液的体积，mL；

$V_1$——水样消耗高锰酸钾标准溶液的体积，mL；

$V$——水样的体积，mL；

8——氧 $\left(\dfrac{1}{2}O\right)$ 的摩尔质量，g/moL。

# 3.12  硫酸盐的测定

## 3.12.1  方法依据

硫酸盐测定依据《工业循环冷却水和锅炉用水中硫酸盐的测定》（DL/T 502.11—2006）。

### 3.12.2　适用范围

本方法适用于锅炉用水和冷却水中硫酸盐含量（以 $SO_4^{2-}$ 计）1~40mg/L 水样的测定。

### 3.12.3　方法提要

在控制的试验条件下，硫酸根离子转化成硫酸钡悬浊物。加入含甘油和氯化钠的溶液来稳定悬浮物并消除干扰。使用分光光度计来测定此溶液浊度，根据测得吸光度查工作曲线，得出水样中硫酸根含量。

### 3.12.4　试剂

（1）蒸馏水：应符合《分析实验室用水规格和试验方法》（GB/T 6682—2008）规定的一级试剂水。

（2）氯化钡：将氯化钡晶体（ $BaCl_2 \cdot 2H_2O$ ）筛分至 0.0841~0.0595mm（20~30 目）。在实验室制备时，将晶体平铺在一块大的表面皿上，在 105℃下干燥 4h。筛分除去不在 0.0841~0.0595mm（20~30 目）范围内的晶体，将制得的氯化钡晶体贮存在干净并烘干的容器中。

（3）条件试剂：在一容器中依次加入 300mL 蒸馏水，30mL 浓硫酸，100mL 的 95%乙醇或异丙醇和 75g 氯化钠，再加入 50mL 甘油并混合均匀。

（4）硫酸盐标准溶液 1mL（含 0.1000mg 的 $SO_4^{2-}$ ）：准确称取 0.1479g 在 110~130℃烘干 2h 的优级纯无水硫酸钠，用少量水溶解，定量转移至 1L 容量瓶并稀释至刻度。

（5）试剂纯度应符合《锅炉用水和冷却水分析方法　通则》（GB/T 6903—2005）的要求。

### 3.12.5　仪器

（1）分光光度计：可在 420nm 使用，配有 50mm 比色皿。
（2）秒表：精度为 0.2s。
（3）磁力搅拌器。

### 3.12.6　操作步骤

（1）工作曲线的绘制：

1）准确移取 0mL、2.00mL、5.00mL、10.00mL、20.00mL、30.00mL、40.00mL 硫酸根标准溶液至 100mL 容量瓶中，用蒸馏水稀释至刻度。此工作溶液硫酸根浓度分别为 0mg/L、2.00mg/L、5.00mg/L、10.00mg/L、20.00mg/L、30.00mg/L、

40.00mg/L。

2）将工作溶液分别转移至250mL烧杯中。

3）加入5.0mL条件试剂，用搅拌仪器进行混合。

4）当试液开始搅拌时，加入称取0.3g的$BaCl_2$，立即开始计时。以磁力搅拌器恒速搅拌1.0min（以秒表计时）。

5）搅拌结束后立即将溶液倒入比色皿进行测定，在3~10min内，测定波长420nm处的吸光度并记录。

6）以硫酸根离子浓度（mg/L）对吸光度绘制工作曲线或回归方程。须注意：每台分光光度计必须绘制专用的工作曲线，当更换比色皿，灯、滤光片或仪器及试剂有任何改变时都须重新绘制工作曲线。在每次测定样品时，用两个以上已知浓度的硫酸根标准溶液校验工作曲线。

（2）水样的测定：

1）准确移取100mL（或小于100mL）试样至250mL烧杯中，此试液中含0.5~4mg硫酸根。若移取试样小于100mL，将其稀释至100mL。

2）按3.12.6步骤（1）的3）~5）步进行操作。

应注意由于$BaSO_4$有溶解度，故很难测定硫酸根浓度小于5mg/L的试样。可通过以下两个方法来测定硫酸根浓度小于5mg/L的试样：①浓缩试样；②向试样中加入5mL硫酸根标准溶液（1mL含0.100mg的$SO_4^{2-}$）再将其稀释至100mL，这样试样中就加入了0.5mg的$SO_4^{2-}$，在最后的结果中必须将其减除。水样中硫酸盐含量大于40mg/L时，由于生成的硫酸钡溶液不稳定，可取适量水样稀释后测定。

另外，测定水样时，温度应尽量和绘制工作曲线时的温度一致，相差不得超过±10℃，否则影响测定结果。

还有，应注意当比色皿经常使用时，皿壁上易附着一层白色硫酸钡沉淀，可用含有氨溶液的0.1mol/L的EDTA溶液洗涤。

### 3.12.7 操作流程

硫酸盐测定的操作流程如图3-17所示。

### 3.12.8 结果的表述

根据测得样品的吸光度，在工作曲线上查出或根据回归方程算出水样中硫酸盐含量（以mg/L $SO_4^{2-}$计）。

图 3-17　硫酸盐测定的操作流程

# 3.13　游离二氧化碳的测定

### 3.13.1　方法依据

测定游离二氧化碳依据《火力发电厂水汽分析方法　第7部分：游离二氧化碳的测定（直接法）》（DL/T 502.7—2006）。

### 3.13.2　适用范围

本方法适用于锅炉补给水和生水中游离二氧化碳的测定。

### 3.13.3　方法提要

水中游离二氧化碳和氢氧化钠反应生成重碳酸钠时，溶液中的 pH 值约为8.3，用酚酞作指示剂。以氢氧化钠标准溶液滴至微红色即为终点。其反应为：

$$CO_2 + NaOH \longrightarrow NaHCO_3$$

本方法不适用于含其他酸性物质的水样中游离二氧化碳的测定。

### 3.13.4　试剂

（1）氢氧化钠标准溶液 [$c(NaOH) = 0.1mol/L$]：配制和标定方法见本书第4.1节内容。

（2）氢氧化钠标准溶液 [$c(NaOH) = 0.01mol/L$]：配制和标定方法见本书第4.1节内容。

（3）中性酒石酸钾钠溶液：称取 300g 酒石酸钾钠用蒸馏水溶解，稀释至1L。此溶液应对 1%酚酞指示剂不显红色。否则需用酸精细地中和至红色刚刚消失为止。

（4）酚酞指示剂（10g/L 乙醇溶液）：称取 1g 酚酞，溶于乙醇（95%），用乙醇（95%）稀释至 100mL。

（5）试剂纯度应符合《锅炉用水和冷却水分析方法　通则》（GB/T 6903—2005）的要求。

### 3.13.5　仪器

（1）附有碱石棉吸收装置的滴定管（5mL）。

（2）容量瓶：200mL（刻度线以上空间容积大于 10mL）。

### 3.13.6　操作步骤

（1）以虹吸法将水样引入 200mL 容量瓶底部，待水样溢流 2~3min 后，轻轻抽取虹吸管，将瓶塞塞紧。

（2）开启瓶塞，迅速甩出水样至刻度。

（3）立即加入 4 滴酚酞指示剂。

（4）用 0.01mol/L 或 0.1mol/L 氢氧化钠标准溶液滴定至呈现浅红色，经 15s 不消失时为止。记录消耗氢氧化钠标准溶液的体积（mL）。

### 3.13.7　操作流程

测定游离二氧化碳的操作流程如图 3-18 所示。

图 3-18　测定游离二氧化碳的操作流程

### 3.13.8　结果的表述

水中游离二氧化碳的含量 $X_{CO_2}$（mg/L）按式（3-20）计算：

$$X_{CO_2} = \frac{V \cdot c \times 44}{200} \times 1000 \qquad (3-20)$$

式中　$X_{CO_2}$——水样中游离二氧化碳含量，mg/L；

　　　$V$——氢氧化钠标准溶液的消耗体积，mL；

　　　$c$——氢氧化钠标准溶液的浓度，mol/L；

　　　44——二氧化碳（$CO_2$）的摩尔质量，g/mol。

# 3.14 全硅的测定

## 3.14.1 方法依据

测定全硅依据《火力发电厂水汽分析方法 第 3 部分：全硅的测定（氢氟酸转化分光光度法)》（DL/T 502.3—2006）。

## 3.14.2 适用范围

本方法适用于原水、澄清水和炉水中全硅的测定（硅含量为 1~5mg/L）。

## 3.14.3 方法提要

为了测得水样中非活性硅的含量，则应进行全硅和活性硅的测定。在沸腾的水浴锅上加热已酸化的水样，并用氢氟酸把非活性硅转化为氟硅酸，然后加入三氯化铝，除了掩蔽过剩的氢氟酸外，还将所有的氟硅酸解离，使硅成为活性硅。用钼蓝法进行测定，就可得全硅的含量。采用先加三氯化铝后加氢氟酸，再用钼蓝法测得含硅量，则为活性硅含量。全硅与活性硅的差为非活性硅的含量。

用氢氟酸转化时：

$$(SiO_2)_m \cdot nH_2O + 6mHF \longrightarrow mH_2SiF_6 + (2m + n)H_2O$$

多分子聚合硅

$$(SiO_2)_m + 6mHF \longrightarrow mH_2SiF + 2mH_2O$$

颗粒状硅

$$H_2SiO_3 + 6HF \longrightarrow H_2SiF_6 + 3H_2O$$

用三氯化铝作掩蔽剂和解络剂时：

$$AlCl_3 + 6HF \longrightarrow H_3AlF_6 + 3HCl$$

$$AlCl_3 + H_2SiF_6 + 3H_2O \longrightarrow H_3AlF_6 + 3HCl + H_2SiO_3$$

## 3.14.4 试剂

（1）蒸馏水：应符合《分析实验室用水规格和试验方法》（GB/T 6682—2008）规定的一级试剂水。

（2）聚乙烯烧杯。

（3）二氧化硅标准溶液的配制。

1）贮备液（1mL 含 0.1mg SiO_2）：准确称取 0.1000g 经 700~800℃灼烧并已研磨细的二氧化硅（优级纯），与 1.0~1.5g 已经 270~300℃焙烧过的粉末状无水碳酸钠（优级纯）置于铂干锅内混匀，在上面加一层碳酸钠，在冷炉状态放入高温炉，升温至 900~950℃下熔融 30min。冷却后，将铂坩埚放入聚乙烯烧杯中，用热的蒸馏水溶解熔融物，待熔融物全部溶解后取出坩埚，以蒸馏水仔细冲洗坩埚的内外壁，待溶液冷却至室温后，定量移入 1L 容量瓶中，用蒸馏水稀释至刻度，混匀后移入聚乙烯瓶中贮存。此液应完全透明如有浑浊须重新配制。

2）标准溶液（1mL 含 0.05mg 的 $SiO_2$）：

取贮备液（含 0.1mg 的 $SiO_2$）25.00mL，用蒸馏水准确稀释至 50.00mL。

（4）氢氟酸溶液（1+7）。

（5）三氯化铝溶液（1mol/L）：称取结晶三氯化铝（$AlCl_3 \cdot 6H_2O$）241g 溶于约 600mL 蒸馏水中，稀释至 1L。

（6）盐酸溶液（1+1）。

（7）草酸（$H_2C_2O_4$）溶液（100g/L）。

（8）钼酸铵 $[(NH_4)_6 Mo_7O_{24} \cdot 4H_2O]$ 溶液（100g/L）。

（9）1-氨基-2 萘酚-4 磺酸还原剂：

1）称取 1.5g 的 1-氨基-2 萘酚-4 磺酸 $[H_2NC_{10}H_5(OH)SO_3H]$ 和 7g 无水亚硫酸钠（$Na_2SO_3$），溶于约 200mL 蒸馏水中。

2）称取 90g 亚硫酸氢钠（$NaHSO_3$），溶于约 600mL 蒸馏水中。

3）将上述溶液 1）和溶液 2）混合，用蒸馏水稀释至 1L。若溶液浑浊则应过滤后使用。

4）将所配溶液贮存于小于 5℃的冰箱中。

应注意：以上所有试剂均应贮存于聚乙烯瓶中。

## 3.14.5 仪器

（1）分光光度计：可在波长 660nm 使用，配有 10mm 比色皿。

（2）多孔水浴锅。

（3）0~5mL 有机玻璃移液管（分度值 0.2mL）。

（4）150~250mL 聚乙烯瓶或密封塑料杯。

## 3.14.6 操作步骤

（1）工作曲线绘制：

1）按表 3-6 规定取二氧化硅标准溶液（1mL 含 0.05mg $SiO_2$）注入一组聚乙烯瓶中，用滴定管添加蒸馏水使其体积为 50.00mL。

2）分别加三氯化铝溶液 3.0mL，摇匀，用有机玻璃移液管准确加氢氟酸溶液（1+7）1.0mL，摇匀，放置 5min。

3）加盐酸溶液（1+1）1.0mL，摇匀，加钼酸铵溶液 2.0mL，摇匀，放置 5min，加草酸溶液 2.0mL，摇匀，放置 1min，再加 1，2，4 酸还原剂 2.0mL，摇匀，放置 8min。

4）在分光光度计上用 660nm 波长、10mm 比色皿，以蒸馏水作参比测定吸光度，根据测得的吸光度绘制工作曲线或回归方程。

**表 3-6　1～5mg/L 的 SiO₂ 工作溶液配制**

| 标准溶液体积/mL | 0 | 1.00 | 2.00 | 3.00 | 4.00 | 5.00 |
|---|---|---|---|---|---|---|
| 添加蒸馏水体积/mL | 50.0 | 49.0 | 48.0 | 47.0 | 46.0 | 45.0 |
| SiO₂浓度/mg·L⁻¹ | 0.0 | 1.0 | 2.0 | 3.0 | 4.0 | 5.0 |

（2）水样全硅的测定：

1）准确吸取 25.0mL 水样注入聚乙烯瓶中，用滴定管添加蒸馏水使其体积为 50.00mL。加入盐酸（1+1）1.0mL，摇匀，用有机玻璃移液管准确加入氢氟酸溶液（1+7）1.0mL，摇匀，盖好瓶盖，置于沸腾水浴锅里加热 15min。

2）将加热好的水样置于冷水中冷却，试液温度控制在（27±5）℃（用空白试验做对比），然后加三氯化铝溶液 3.0mL，摇匀，放置 5min。空白试验是量取 50.00mL 蒸馏水，注入聚乙烯瓶中，旋紧瓶盖后与水样一起置于水浴锅上加热 15min，然后与水样同时放入冷水中冷却。在冷却过程中，可用温度计监测蒸馏水的温度，当空白试验瓶内的蒸馏水温度降至（27±5）℃，即认为水样已经冷却好。

3）加入钼酸铵溶液 2.0mL，摇匀后放置 5min。加草酸溶液 2.0mL，摇匀，放置 1min。加 1，2，4 酸还原剂 2.0mL，摇匀，放置 8min。

4）在分光光度计上用 660nm 波长、10mm 比色皿，以蒸馏水作参比测定吸光度，把查工作曲线或由回归方程计算所得的数值再乘以 2，即为水样中全硅 $(SiO_2)_全$ 的含量。

（3）水样中活性硅的测定：

1）准确吸取 25.00mL 水样注入聚乙烯瓶中，用滴定管添加蒸馏水使其体积为 50.00mL。

2）加三氯化铝溶液 3.0mL，摇匀，用有机玻璃移液管准确加入氢氟酸溶液（1+7）1.0mL，摇匀后放置 5min。

3）加盐酸溶液（1+1）1.0mL，摇匀，加钼酸铵溶液 2.0mL，摇匀后放置 5.0min。加草酸溶液 2.0mL，摇匀后放置 1min。再加 1，2，4 酸还原剂 2.0mL，摇匀后放置 8min。

4）在分光光度计上用 660nm 波长、10mm 比色皿，以蒸馏水作参比测定吸光度，把查工作曲线或由回归方程计算所得的数值再乘以 2，即为水样中活性硅 $(SiO_2)_活$ 的含量。

（4）水样中非活性硅的测定。水样中非活性硅 $(SiO_2)_非$ 的含量（mg/L）：

$$(SiO_2)_{非} = (SiO_2)_{全} - (SiO_2)_{活} \tag{3-21}$$

（5）在整个测试过程中，所用聚乙烯器皿在使用前都需用（1+1）盐酸和（1+1）氢氟酸混合液浸泡过夜后，用蒸馏水充分冲洗后备用。在测试过程中如发现个别瓶（杯）样数据明显异常，应弃去不用。

### 3.14.7 操作流程

测定全硅的操作流程如图 3-19 所示。

图 3-19　测定全硅的操作流程

**标准溶液的配制与标定**

## 4.1 氢氧化钠标准溶液 $[c(NaOH) = 0.1mol/L]$

### 4.1.1 试剂

(1) 氢氧化钠饱和溶液：取上层澄清液使用。

(2) 邻苯二甲酸氢钾（基准试剂）。

(3) 1%酚酞指示剂（乙醇溶液）。

### 4.1.2 配制

取 5mL 氢氧化钠饱和溶液，注于 1L 不含二氧化碳的蒸馏水中，摇匀。

### 4.1.3 标定

称取 0.6g（精确至 0.2mg）于 105～110℃ 烘干至恒重的基准邻苯二甲酸氢钾，溶于 50mL 不含二氧化碳的蒸馏水（或新制备的除盐水）中，加 2 滴 1%酚酞指示剂，用待标定的氢氧化钠滴定至溶液呈粉红色并与标准色相同。同时作空白试验。

氢氧化钠标准溶液的物质的量浓度 $c$ 按下式计算：

$$c = \frac{G}{(a_1 - a_2) \times 0.2042}$$

式中　$G$——邻苯二甲酸氢钾的重量，g；

　　　$a_1$——滴定邻苯二甲酸氢钾消耗氢氧化钠溶液的体积，mL；

　　　$a_2$——空白试验消耗氢氧化钠溶液的体积，mL；

　0.2042——邻苯二甲酸氢钾（$KHC_6H_4O_4$）的毫摩尔质量，g/mmol。

注：标准色的配制：量取 80mL、pH 值为 8.5 的缓冲溶液，加 2 滴 1%酚酞指示剂，摇匀。

# 4.2 盐酸标准滴定溶液 ［$c$（HCl）≈0.1mol/L］

## 4.2.1 试剂

（1）浓盐酸。
（2）无水碳酸钠基准试剂。
（3）溴甲酚绿-甲基红指示剂。

## 4.2.2 配制

在通风橱内将 3mL 浓盐酸稀释至 330mL 转入试剂瓶，摇匀，贴标签。

## 4.2.3 标定

称取 0.2000g 于 270~300℃烘干至恒重的无水碳酸钠基准试剂，溶于 50mL 新制备的除盐水中，加 2 滴 1%酚酞指示剂，用待标定盐酸标准溶液滴定至溶液由绿色变为暗红色，煮沸 2min，冷却后继续滴定至溶液再呈暗红色。同时作空白试验。

盐酸标准滴定溶液的浓度 $C_{HCl}$ 按下式计算：

$$C_{HCl} = \frac{m}{(V_1 - V_2) \times 0.05299}$$

式中 $m$——称取无水碳酸钠的质量，g；

$V_1$——滴定碳酸钠溶液消耗的盐酸溶液的体积，mL；

$V_2$——空白实验所消耗盐酸溶液的体积，mL；

0.05299——碳酸钠（$NaCO_3$）的毫摩尔质量，g/mmol。

# 4.3 乙二胺四乙酸二钠（EDTA）标准溶液
# ［$c$（EDTA）＝0.02mol/L］

## 4.3.1 试剂

（1）乙二胺四乙酸二钠（EDTA）。
（2）氧化锌（基准试剂）。
（3）盐酸溶液（1+1）。
（4）10%氨水。
（5）氨-氯化铵缓冲溶液：称取 67.5g 氯化铵，溶于 570mL 浓氨水中，加入

1g 的 EDTA 二钠镁盐，并用水稀释至 1L。

（6）0.5%铬黑 T 指示剂（乙醇溶液）：称取 4.5g 盐酸羟胺，用 18mL 蒸馏水溶解，另在研钵中加 0.5g 铬黑 T（$C_{20}H_{12}O_7N_3SNa$）磨匀，混合后用 95%乙醇定容至 100mL，贮存于棕色滴瓶中备用，使用期不应超过一个月。

### 4.3.2　配制

称取 8g 乙二胺四乙酸二钠溶于 1L 高纯水中，摇匀。

### 4.3.3　标定

称取 0.4g（精确至 0.2mg）于 800℃灼烧至恒重的基准氧化锌，用少许蒸馏水湿润，滴加盐酸溶液（1+1）至样品溶解，移入 250mL 容量瓶中，稀释至刻度，摇匀。取上述溶液 20.00mL，加 80mL 除盐水，用 10%氨水中和至 pH 值为 7~8，此时刚好出现絮状沉淀，加 5mL 氨-氯化铵缓冲溶液（pH 值为 10），加 5 滴 0.5%铬黑 T 指示剂，用 $c(EDTA) = 0.02mol/L$ 溶液滴定至溶液由紫色变为纯蓝色。

EDTA 标准溶液的物质的量浓度 $c$ 按下式计算：

$$c = \frac{G}{V \times 0.08138} \times \frac{20}{250} = \frac{0.08G}{V \times 0.08138}$$

式中　　$G$——氧化锌之重，g；

$V$——滴定时消耗 EDTA 溶液的体积，mL；

0.08——250mL 中取 20mL 滴定，相当于 $G$ 的 0.08 倍；

0.08138——氧化锌（ZnO）的毫摩尔质量，g/mmol。

## 4.4　硫代硫酸钠标准溶液 $\left[c(Na_2S_2O_3) = 0.1mol/L\right]$

### 4.4.1　试剂

（1）硫代硫酸钠（$Na_2SO_4 \cdot 5H_2O$）。

（2）重铬酸钾（基准试剂）。

（3）无水碳酸钠。

（4）碘化钾。

（5）硫酸$\left[c\left(\frac{1}{2}H_2SO_4\right) = 4mol/L\right]$。

（6）1%淀粉指示剂：称取 1g 淀粉，加 5mL 蒸馏水使其成糊状，在搅拌下将其徐徐注入 90mL 沸腾的蒸馏水中，再继续煮沸 1~2min，稀释至 100mL。使用期为 2 周。

### 4.4.2 配制

称取 26g 硫代硫酸钠（$Na_2S_2O_3 \cdot 5H_2O$）或 16g 无水硫代硫酸钠，加 0.2g 无水碳酸钠，溶于 1000mL 水中，缓缓煮沸 10min，冷却。放置两周后过滤。

### 4.4.3 标定

称取 0.18g 与 120℃±2℃ 干燥至恒重的工作基准试剂重铬酸钾，置于碘量瓶中，溶于 25mL 水，加 2g 碘化钾及 20mL 硫酸溶液（20%），摇匀，于暗处放置 10min。加 150mL 水（15~20℃），用配置好的硫代硫酸钠溶液滴定。近终点时加 2mL 淀粉指示液（10g/L），继续滴定至溶液由蓝色变为亮绿色。同时做空白试验。

硫代硫酸钠标准滴定溶液的浓度 $[c(Na_2S_2O_3)]$，以摩尔每升（mol/L）表示，按下式计算：

$$c(Na_2S_2O_3) = \frac{m \times 1000}{(V_1 - V_2)M}$$

式中　$m$——重铬酸钾的质量，单位为克（g）；

$V_1$——硫代硫酸钠溶液的体积，单位为毫升（mL）；

$V_2$——空白试验硫代硫酸钠溶液的体积，单位为毫升（mL）；

$M$——重铬酸钾的摩尔质量，$M\left(\frac{1}{6}K_2Cr_2O_7\right) = 49.031g/mol$。

## 4.5　硝酸银标准溶液 $[c(AgNO_3) = 0.1mol/L]$

### 4.5.1　试剂

（1）氯化钠（基准试剂）。

（2）淀粉溶液（10g/L）。

（3）硝酸银。

### 4.5.2　仪器

（1）电位滴定装置。电位滴定测定装置如图 4-1 所示。

（2）电位计。电位计的精度为±2mV。

（3）酸度计。酸度计的精度 pH 值为±0.02。

（4）电极：

1）指示电极用 216 型银电极；

2）参比电极用双盐桥型饱和甘汞电极。

（5）电磁搅拌器。

图 4-1  电位滴定装置

1—滴定管；2—指示电极；3—参比电极；4—烧杯；5—被测溶液；

6—电磁搅拌器；7—电位计或酸度计；8—显示窗

### 4.5.3  配制

称取 17.5g 硝酸银，溶于 1000mL 水中，摇匀。溶液贮存于棕色瓶中。

### 4.5.4  标定

（1）测定方法。称取 0.22g 于 500~600℃ 的高温炉中灼烧至恒重的工作基准试剂氯化钠，溶于 70mL 水中，加 10mL 淀粉溶液（10g/L），以 216 型银电极作指示电极，217 型双盐桥饱和甘汞电极作参比电极，开动电磁搅拌器，用规定的标准滴定溶液进行滴定。从滴定管中滴入约为所需滴定体积的百分之九十的标准滴定溶液，测量溶液的电位或 pH 值。以后每滴加 1mL 或适量标准滴定溶液测量一次电位或 pH 值，化学计量点前后，应每滴加 0.1mL 标准滴定溶液测量一次。继续滴定至电位或 pH 值变化不大时为止。记录每次滴加标准滴定溶液后滴定管的读数及测得的电位或 pH 值，用作图法确定滴定终点。

（2）终点的确定（作图法）。以指示电极的电位（mV）或 pH 值为纵坐标，以滴定管的读数（mL）为横坐标绘制滴定曲线。做两条与横坐标成 45°的滴定曲线的切线，并在两切线间作一条与两切线距离相等的平行线，该线与滴定曲线的交点即为滴定终点（见图 4-2）。焦点的横坐标为滴定终点时标准滴定溶液的用量（$V_0$），交点的纵坐标为滴定终点时的电位或 pH 值。

图 4-2 滴定终点曲线

1—滴定曲线；2—切线；3—平行等距直线；4—滴定终点

（3）结果计算。硝酸银标准滴定溶液的浓度 $[c(AgNO_3)]$，以摩尔每升（mol/L）表示，按下式计算：

$$c(AgNO_3) = \frac{m \times 1000}{V_0 M}$$

式中　$m$——氯化钠的质量，g；

　　　$V_0$——硝酸银溶液的体积，mL；

　　　$M$——氯化钠的摩尔质量，$M(NaCl) = 58.442 g/mol$。

## 4.6 高锰酸钾标准滴定溶液的配制与标定

### 4.6.1 高锰酸钾标准溶液 $\left[c\left(\frac{1}{5}KMnO_4\right) = 0.1 mol/L\right]$ 的配制与标定

（1）试剂：

1）二次蒸馏水；

2）高锰酸钾；

3）草酸钠：基准试剂；

4）硫代硫酸钠标准溶液 $[c(Na_2S_2O_3) = 0.1 mol/L]$；

5）硫酸（1+8）；

6）浓硫酸；

7）碘化钾；

8）淀粉指示剂（10g/L）：称取 1.0g 淀粉，加 5mL 水使其成糊状物，在搅拌下将糊状物加入 90mL 沸腾的水中，煮沸 1~2min，冷却，稀释至 100mL。使用期为两周。

（2）配制。称取 3.3g 高锰酸钾溶于 1050mL 试剂水中，缓慢煮沸 15~20min，冷却后于暗处密闭保存两周。以"4 号"玻璃过滤器过滤，滤液贮存于具有磨口塞的棕色瓶中。

（3）标定：

1）以草酸钠做基准标定。称取于 105~110℃ 烘至恒重的基准草酸钠 0.2g（精确至 0.1mg），溶于 100mL 二次蒸馏水中，加 8mL 浓硫酸，用高锰酸钾标准溶液滴定，近终点时，加热至 65℃，继续滴定至溶液所呈粉红色保持 30s。同时做空白试验。高锰酸钾标准溶液的浓度按下式计算：

$$c = \frac{m \times 1000}{(V - V_0) \times 67.00}$$

式中　$c$——高锰酸钾标准溶液的物质的量浓度，mol/L；

　　　$m$——草酸钠的质量，g；

　　　$V$——滴定消耗高锰酸钾标准溶液的体积，mL；

　　　$V_0$——空白试验消耗高锰酸钾标准溶液的体积，mL；

　67.00——草酸钠（$Na_2C_2O_4$）的摩尔质量，g/mol。

2）用硫代硫酸钠标准溶液 $[c(Na_2S_2O_3) = 0.1mol/L]$ 标定。取 20.00mL 待标定的高锰酸钾标准溶液，加 2g 碘化钾及 20mL 硫酸溶液（1+8），摇匀，于暗处放置 5min。加 150mL 二次蒸馏水，用硫代硫酸钠标准溶液滴定，滴到溶液呈淡黄色时，加 1mL 淀粉指示剂，继续滴定至溶液蓝色消失。

高锰酸钾标准溶液的浓度按下式计算：

$$c = \frac{a \cdot b}{V}$$

式中　$a$——消耗硫代硫酸钠标准溶液的体积，mL；

　　　$b$——硫代硫酸钠标准溶液的物质的量浓度，mol/L；

　　　$V$——高锰酸钾标准溶液的体积，mL。

## 4.6.2　高锰酸钾标准溶液 $\left[c\left(\frac{1}{5}KMnO_4\right) = 0.01mol/L\right]$ 的配制与标定

取 0.1mol/L 高锰酸钾标准溶液，用煮沸后冷却的二次蒸馏水稀释至 10 倍制得。其浓度不需标定，由计算得出。

# 附录1　锅炉用水和冷却水分析方法中通用的规则

（1）锅炉用水和冷却水。锅炉用水和冷却水分析方法（简称"方法"）中的锅炉用水通常包括天然水、澄清水、软化水、除盐水、锅炉给水、锅炉炉水、锅炉蒸汽、凝结水；冷却水一般指工业循环冷却水。

（2）试剂纯度。"方法"中使用的试剂应符合国家标准有关化学试剂规格的规定，其纯度应能满足水、汽质量分析要求。"方法"中未注明试剂级别的均为分析纯试剂。

（3）分析实验室用水规格。分析实验室用蒸馏水共分三个级别：一级水、二级水和三级水。

1）一级水：一级水用于有严格要求的分析试验，包括对颗粒有要求的试验，如高效液相色谱分析用水。一级水可用二级水经过石英设备蒸馏或离子交换混合床处理后，再经 $0.2\mu m$ 微孔滤膜过滤来制取。

2）二级水：二级水用于无机痕量分析等试验，如原子吸收光谱分析用水。二级水可用多次蒸馏或离子交换等方法制取。

3）三级水：三级水用于一般化学分析试验，可用蒸馏或离子交换等方法制取。

分析实验室用蒸馏水的规格见表1。

**表1　实验室用蒸馏水规格**

| 名　　称 | 一级 | 二级 | 三级 |
|---|---|---|---|
| pH 值范围（25℃） | — | — | 5.0~7.5 |
| 电导率（25℃）/mS · m$^{-1}$ | ≤0.01 | ≤0.10 | ≤0.50 |
| 可氧化物质含量（以 O 计）/mg · L$^{-1}$ | — | ≤0.08 | ≤0.4 |
| 吸光度（254nm, 1cm 光程） | ≤0.001 | ≤0.01 | — |
| 蒸发残渣（105℃±2℃）含量/mg · L$^{-1}$ | — | ≤1.0 | ≤2.0 |
| 可溶性硅（以 SiO$_2$ 计）含量/mg · L$^{-1}$ | ≤0.01 | ≤0.02 | |

（4）溶液。"方法"中使用的溶液，除明确规定外均为水溶液。

（5）空白试验：

1）在一般的测定方法中，以试剂水代替水样，按测定水样的方法和步骤进行测定，其测定值称为空白值，用空白值对水样测定结果进行空白校正。

2）在痕量成分的比色分析中，为校正试剂水中待测成分含量，需要进行单倍试剂及双倍试剂的空白试验。单倍试剂空白试验与一般的空白试验相同。双倍试剂的空白试验是指试剂加入量是测定水样所用试剂量的两倍（若酸、碱数量加倍后会改变反应条件，则酸、碱数量可不加倍），用测定水样的步骤进行测定。根据单、双倍试剂空白试验的结果对水样测定结果进行空白值校正。具体可按下列公式表述：

$$A_单 = A_水 + A_试$$
$$A_双 = A_水 + 2A_试$$
$$A_试 = A_双 + A_单$$
$$A_水 = 2A_单 - A_双$$

式中　　$A_单$——单倍试剂空白的吸光度；

　　　　$A_双$——双倍试剂空白的吸光度；

　　　　$A_试$——试剂的吸光度；

　　　　$A_水$——试剂水的吸光度。

（6）精密度的表示：

1）重复性。在同一实验室，由同一操作者使用相同设备，按相同的测试方法，并在短时间内从同一被测对象取得相互独立测试结果之间的一致程度。

2）再现性。在不同的实验室，由不同的操作者，按相同的测试方法，从同一被测对象取得测试结果之间的一致程度。

3）允许差。允许差是表达精密度的一种简单直观的方法，它是指同一试样两次平行测定结果之间允许的最大误差，即两次平行测定结果的绝对误差。当95%置信概率时，允许差如下：

$$I_r = 2.83S_r$$
$$I_R = 2.83S_R$$

式中　　$I_r$——重复性测定的允许差，又称重复性限；

　　　　$I_R$——再现性测定的允许差，又称再现性限；

　　　　$S_r$——重复性标准偏差；

　　　　$S_R$——再现性标准偏差。

（7）测定次数及测定数据的取舍。水质分析中，水样分析一般要做 2~3 个平行样，当每次测定值的绝对误差都小于允许差时，则取每测定值的算术平均值为分析结果的报告值。当两次平行测定结果的绝对误差超过允许差时，则要进行第三次测量；当第三次的测定值与前两次测定值的其中一个绝对误差小于允许差时，则取该两数值算术平均值为分析结果的报告值，另一测定数据舍去。当三次平行测定值之间的绝对误差均超过允许差，则数据全部作废，应查找原因后重新进行测定。

# 附录 2　氨-氯化铵缓冲溶液的调整

（1）方法概要。采用铬黑 T 做指示剂，为提高终点指示的灵敏度，需在缓冲溶液中加入一定量的乙二胺四乙酸（EDTA）二钠镁盐。为避免 EDTA 与镁离子不等量以及配制所用氨水中含硬度物质，需对配制后的氨-氯化铵缓冲溶液进行调整，以免缓冲溶液中存在硬度或 EDTA 过量，对测定结果带来误差。

（2）试剂或材料：

1）配制好的氨-氯化铵缓冲溶液；

2）铬黑 T 指示液：5g/L；

3）乙二胺四乙酸二钠标准溶液：$c$(EDTA)约为 0.01mol/L；

4）镁标准溶液（0.010mol/L）：称取 0.6159g 七水硫酸镁（优级纯），用水溶解后转移至 250mL 容量瓶中，稀释至刻度，摇匀；或者用市售镁（$Mg^{2+}$）标准溶液准确稀释。

（3）试验步骤：

1）用移液管量取 10.00mL 已配制好的氨-氯化铵缓冲溶液于锥形瓶中，加 90mL 水，再加 2~3 滴铬黑指示液。

2）加入指示液后，若溶液显红色，表明缓冲溶液中含硬度物质，用乙二胺四乙酸二钠标准滴定溶液滴定刚好由红色突变成蓝色，然后根据乙二胺四乙酸二钠标准滴定溶液的消耗量和需调整的缓冲溶液量，计算需添加乙二胺四乙酸二钠标准滴定溶液的体积。

3）加入指示液后，若溶液显蓝色，可能有两种情况：一是缓冲溶液中 EDTA 和 $Mg^{2+}$ 均无过剩量；另一种也有可能是 EDTA 过量。用镁标准溶液来滴定，若镁标准溶液消耗量不大于 0.02mL 即转变为紫蓝色，可视为两者等量；否则即为 EDTA 过量，需根据镁标准溶液消耗量，精确地往其余的缓冲溶液中加入镁标准溶液。

4）每次调整后，都应再次检验，直至确定缓冲溶液中 EDTA 和 $Mg^{2+}$ 均无过量。

# 参 考 文 献

［1］王罗春，赵晓丹，赵宏阳．电厂水质分析 ［M］．北京：中国电力出版社，2014.
［2］李培元，周柏青．发电厂水处理及水质控制 ［M］．北京：中国电力出版社，2012.
［3］朱志平．电厂化学概论 ［M］．北京：化学工业出版社，2013.